全国高等职业教育规划教材

手机原理与维修

刘　勇　王毅东　孟建明　张崇武　编著

机 械 工 业 出 版 社

本书是根据高职高专电子信息、通信技术、应用电子技术等专业教学的实际需求，结合作者十几年来在企业的工作经历和实际教学经验编写而成。

全书共分3篇11章。第1篇主要介绍了手机的品牌、分类、拆装以及三包等相关知识；第2篇主要介绍了常见手机维修工具的使用以及手机芯片的识别和拆装；第3篇主要介绍了手机电路读图、常见手机维修故障的识别及维修方法等。本书参考学时为90学时。

本书可作为高职高专电子信息类专业的教材，也可作为通信终端维修员职业资格证书的培训教材或从事手机维修行业人员的参考用书。

本书配套授课电子教案，需要的教师可登录 www. cmpedu. com 免费注册、审核通过后下载，或联系编辑索取（QQ：1239258369，电话：010-88379739）。

图书在版编目(CIP)数据

手机原理与维修/刘勇等编著. —北京：机械工业出版社，2012.5
(2016.6 重印)
全国高等职业教育规划教材
ISBN 978 - 7 - 111 - 37544 - 9

Ⅰ. ①手… Ⅱ. ①刘… Ⅲ. ①移动电话机—理论—高等职业教育—教材 ②移动电话机—维修—高等职业教育—教材 Ⅳ. ①TN929.53

中国版本图书馆 CIP 数据核字（2012）第 029784 号

机械工业出版社（北京市百万庄大街 22 号 邮政编码 100037）
责任编辑：王 颖 版式设计：刘 岚
责任校对：刘 岚 责任印制：常天培
北京圣夫亚美印刷有限公司印刷
2016 年 6 月第 1 版第 3 次印刷
184mm × 260mm · 9.75 印张 · 240 千字
4801—6600 册
标准书号：ISBN 978 - 7 - 111 - 37544 - 9
定价：23.00 元

凡购本书，如有缺页、倒页、脱页，由本社发行部调换
电话服务 网络服务
服务咨询热线：010 - 88379833 机 工 官 网：www. cmpbook. com
读者购书热线：010 - 88379649 机 工 官 博：weibo. com/cmp1952
教育服务网：www. cmpedu. com
金 书 网：www. golden - book. com

全国高等职业教育规划教材电子类专业编委会成员名单

出版说明

根据《教育部关于以就业为导向深化高等职业教育改革的若干意见》中提出的高等职业院校必须把培养学生动手能力、实践能力和可持续发展能力放在突出的地位，促进学生技能的培养，以及教材内容要紧密结合生产实际，并注意及时跟踪先进技术的发展等指导精神，机械工业出版社组织全国近60所高等职业院校的骨干教师对在2001年出版的“面向21世纪高职高专系列教材”进行了全面的修订和增补，并更名为“全国高等职业教育规划教材”。

本系列教材是由高职高专计算机专业、电子技术专业和机电专业教材编委会分别会同各高职高专院校的一线骨干教师，针对相关专业的课程设置，融合教学中的实践经验，同时吸收高等职业教育改革的成果而编写完成的，具有“定位准确、注重能力、内容创新、结构合理和叙述通俗”的编写特色。在几年的教学实践中，本系列教材获得了较高的评价，并有多个品种被评为普通高等教育“十一五”国家级规划教材。在修订和增补过程中，除了保持原有特色外，针对课程的不同性质采取了不同的优化措施。其中，核心基础课的教材在保持扎实的理论基础的同时，增加实训和习题；实践性较强的课程强调理论与实训紧密结合；涉及实用技术的课程则在教材中引入了最新的知识、技术、工艺和方法。同时，根据实际教学的需要对部分课程进行了整合。

归纳起来，本系列教材具有以下特点：

1）围绕培养学生的职业技能这条主线来设计教材的结构、内容和形式。

2）合理安排基础知识和实践知识的比例。基础知识以“必需、够用”为度，强调专业技术应用能力的训练，适当增加实训环节。

3）符合高职学生的学习特点和认知规律。对基本理论和方法的论述要容易理解、清晰简洁，多用图表来表达信息；增加相关技术在生产中的应用实例，引导学生主动学习。

4）教材内容紧随技术和经济的发展而更新，及时将新知识、新技术、新工艺和新案例等引入教材。同时注重吸收最新的教学理念，并积极支持新专业的教材建设。

5）注重立体化教材建设。通过主教材、电子教案、配套素材光盘、实训指导和习题及解答等教学资源的有机结合，提高教学服务水平，为高素质技能型人才的培养创造良好的条件。

由于我国高等职业教育改革和发展的速度很快，加之我们的水平和经验有限，因此在教材的编写和出版过程中难免出现问题和错误。我们恳请使用这套教材的师生及时向我们反馈质量信息，以利于我们今后不断提高教材的出版质量，为广大师生提供更多、更适用的教材。

机械工业出版社

前　言

随着通信技术的迅速发展和社会信息化程度的不断提高，移动通信方式已经全面普及，在第一代模拟移动通信系统（FDMA）、第二代数字移动通信系统（TDMA）的基础上，已经进入了第三代移动通信系统（CDMA）的时代，也就是人们日常所说的3G时代。目前在我国运营的3G系统包括CDMA2000、TD-SCDMA和WCDMA 3种，分别由中国电信、中国移动和中国联通运营。

伴随着移动通信技术的发展，人们对移动通信终端的要求也越来越高。从最初只能够支持语音通话的第一代模拟移动电话，到能够支持短信、GPRS等数据业务的第二代数字移动电话，再到目前能够支持各种宽带网络业务的第三代移动通信手机，移动通信系统已经能够支持各种数字业务，完成了与计算机网络系统的充分对接。就移动通信终端自身而言，其体积、重量、功能也发生了巨大变化，随着智能手机的出现以及功能的不断提高，目前的手机在保持了原有通信功能的基础上，还可以处理各种数据、文本、影音以及各种计算机程序，已经成为一个掌中PC终端。

根据《国务院关于大力推进职业教育改革与发展的决定》的有关精神，编者结合高职高专电子信息类专业教学的实际，在总结近年来教学实际经验的基础上，完成本书的编写工作。本书侧重于对手机基本功能、基本电路和维修方法的介绍，在理论介绍的同时，注重实际电路讲解、拆装技巧介绍、维修方法指导等方面的内容，能够帮助读者从理论和实际两个方面加强对手机维修知识的学习。

本书共分3篇11章。第1篇主要介绍了手机的品牌、分类、拆装以及三包等相关知识；第2篇主要介绍了常见手机维修工具的使用以及手机芯片的识别和拆装；第3篇主要介绍了手机电路读图、常见手机维修故障的识别及维修方法等。本书由山东电子职业技术学院刘勇、王毅东、孟建明、张崇武共同编写。

由于编者水平有限，在本书中难免存在错误和不足，恳请广大读者予以批评指正。

编　者

目　录

第2篇　手机维修基础

第 3 篇 手机维修技能

第1篇　手机基础知识

第1章　认识手机

学习指导

本章介绍常用的移动通信系统、移动电话的发展以及市面上常见的手机品牌，并通过手机某个特点进行分类。

1.1　绪论

当今通信技术迅速发展。通信技术的最终目标是实现个人通信全球化。所谓个人通信全球化，就是指任何用户（Whoever）在任何时间（Whenever）、任何地方（Wherever）与任何人（Whomever）进行任何方式（Whatever）的通信。从某种意义上来说，这种通信可以实现真正意义上的自由通信，它是人类的理想通信，是通信发展的最高目标。要实现个人通信全球化，必须建立全球化的数字移动通信系统。

移动通信是指通信的一方或者双方在移动状态中进行通信的方式。移动通信系统诞生自20世纪80年代，到2020年将大体经过5代的发展历程。2009年1月7日，工业和信息化部为中国移动、中国电信和中国联通发放3张第三代移动通信（3G）牌照，此举标志着我国正式进入第三代移动通信（3G）时代。到第四代移动通信系统（4G），除蜂窝电话系统外，宽带无线接入系统、毫米波局域网（LAN）、智能传输系统（ITS）和高空平台（HAPS）系统将投入使用。未来几代移动通信系统最明显的趋势是要求高数据速率、高机动性和无缝隙漫游，实现这些要求在技术上将面临更大的挑战。此外，系统性能（如蜂窝规模和传输速率）在很大程度上将取决于频率的高低。考虑到这些技术问题，有的系统将侧重提供高数据速率，有的系统将侧重增强机动性或扩大覆盖范围。

从用户角度看，可以使用的接入技术包括蜂窝移动无线系统（如第三代移动通信系统）、无绳系统（如数字增强无绳通信DECT）、近距离通信系统（如蓝牙和DECT数据系统）、无线局域网（WLAN）系统、固定无线接入或无线本地环系统、卫星系统、广播系统（如数字音频广播DAB和数字视频广播地面无线DVB-T）、非对称数字用户环路（ADSL）和电缆调制解调器（Cable Modem）。

移动通信的种类繁多，按使用要求和工作场合不同可以分为以下几种。

集群移动通信也称大区制移动通信。它的特点是只有一个基站，天线高度为几十米至百余米，覆盖半径为30km，发射机功率可高达200W。用户数约为几十至几百，可以是车载台，也可以是手持台。它们可以与基站通信，也可以通过基站与其他移动台及市话用户通信，基站与市站通过有线网连接。

蜂窝移动通信也称小区制移动通信。它的特点是把整个大范围的服务区划分成许多小区，每个小区设置一个基站，负责本小区各个移动台的联络与控制，各个基站通过移动交换中心相互联系，并与市话局连接。利用超短波传播距离有限的特点，离开一定距离的小区可以重复使用频率，使频率资源得到充分利用。

卫星移动通信。利用卫星转发信号也可实现移动通信，对于车载移动通信，可采用赤道固定卫星；而对手持终端，采用中、低轨道的多颗星座卫星较为有利。

无绳电话。对于室内外慢速移动的手持终端的通信，可采用小功率、通信距离近的、轻便的无绳电话机，它们可以经过通信点与市话用户进行单向或双向的通信。

使用模拟识别信号的移动通信，称为模拟移动通信。为了解决容量增加的问题和提高通信质量及增加服务功能，目前大都使用数字识别信号，即数字移动通信。在制式上则有：时分多址（TDMA）和码分多址（CDMA）两种。前者在全世界有欧洲的全球移动通信系统（GSM）、北美的双模制式标准 IS-54 和日本的 JDC 标准。对于码分多址，则有美国 Qualcomnn 公司研制的 IS-95 标准的系统。总的趋势是，数字移动通信将取代模拟移动通信，而移动通信将向个人通信发展。

进入 21 世纪，全球信息化高速发展，移动通信将有更为辉煌的未来。

1.2 移动通信终端介绍

按照移动通信方式的分类，移动通信终端也可以分为集群移动通信终端、卫星通信移动终端、无绳电话系统终端和蜂窝移动通信终端等。本书主要围绕蜂窝移动通信终端，也就是平常所说的“移动电话”或者“手机”进行讨论，如无其他说明，本书所提及的移动通信终端默认为“手机”。

1.2.1 移动电话简介

移动电话（通常称为手机）是可以在较广范围内使用的便携式电话终端。目前在全球范围内使用最广是所谓的第二代手机（2G），以 GSM 制式和 CDMA 为主。它们都是数字制式的，除了可以进行语音通信以外，还可以支持短信服务（Short Messaging Service，SMS）、彩信或多媒体短信服务（Multimedia Messaging Service，MMS）、无线应用协议（WAP）等。在中国大陆及中国台湾以 GSM 最为普及，CDMA 手机也很流行。与其他通信终端一样，手机也经历了技术的变迁。

1. 第一代移动电话（1G 手机）

第一代移动电话是模拟移动通信系统，采用频分多址（FDMA）方式，常见的制式有 NMT、AMPS、TACS 等。由于采用的是模拟通信方式，所以这种移动电话系统只能进行语音通信，接收效果不稳定，抗干扰性差，保密性不强，无线带宽利用率比较低。此种手机类似于简单的无线电双工电台，其通话容易被窃听。目前这种通信方式已经被淘汰。

2. 第二代移动电话（2G 手机）

第二代移动电话采用了数字移动通信方式，其多址方式使用时分多址（TDMA）和码分多址（CDMA），是目前最常见的手机。第二代移动电话使用了 GSM、小灵通（PHS）以及 CDMA 等比较成熟的标准，与第一代模拟移动电话系统相比，数字式手机具有抗干扰能力强、保密性能好、带宽利用率高、终端集成度高、易于与互联网连接等优点。由于采用数字处理技术，所以数字式手机能够在语音通话的基础上传送文字、图片信息、数字传真等许多数据业务。同时为了适应数据通信的需求，一些中间标准也在第二代手机上得到支持，例如支持彩信业务的 GPRS 和上网业务的 WAP 服务，以及蓝牙技术和各式各样的 Java 程序等。

3. 第三代移动电话（3G 手机）

3G 的全称为 3rd Generation，中文含义就是指第三代数字移动通信。相对第一代模拟制式手机和第二代 GSM 数字手机，第三代手机是指将无线通信与国际互联网等多媒体通信结合的新一代移动通信系统。第三代与前两代的主要区别是在传输声音和数据的速度上的提升，它能够处理图像、音乐、视频流等多种媒体形式，提供包括网页浏览、电话会议、电子商务等多种信息服务。为了提供这种服务，无线网络必须能够支持不同的数据传输速率，也就是说在室内、室外和行车的环境中能够分别支持至少 2Mbit/s（兆比特/每秒）、384kbit/s（千比特/每秒）以及 144kbit/s 的传输速率。目前国际上第三代移动通信系统（3G）有 3 种制式标准，即欧洲的 WCDMA 标准、美国的 CDMA2000 标准和由我国科学家提出的 TD-SCDMA 标准。

4. 第四代移动电话（4G 手机）

第四代移动通信的简称为 4G，是集第三代移动通信系统（3G）与无线局域网（WLAN）于一体并能够传输高质量视频图像的技术产品。第四代移动通信系统是系统中的系统，可利用各种不同的无线技术。第四代移动通信系统的优势体现在它的传输速率和兼容性上，首先是传输速率，第四代移动通信系统系统能够以 100Mbit/s 的速率下载，这个速率是第二代移动电话数据传输速率的 1 万倍，也是第三代移动通信系统移动电话速率的 50 倍，上传的速率也能达到 20Mbit/s，并能够满足几乎所有用户对于无线服务的要求。此外，第四代移动通信系统手机有强大的兼容能力，可以提供高性能的流媒体内容，并通过 ID 应用程序成为个人身份鉴定设备，4G 有望集成不同模式的无线通信——从无线局域网、蓝牙等室内网络到数字蜂窝、广播电视甚至是卫星通信等通信网络，其移动用户可以自由完成不同网络标准间的漫游。TD-LTE 是第一个第四代移动通信系统无线移动宽带网络数据标准，由中国最大的电信运营商——中国移动修订与发布。

1.2.2 手机的分类

目前市场上的手机分类繁杂，品牌众多，功能也越来越丰富。为了使读者了解和归纳手机的种类，下面按照手机外观和功能对其进行简单的划分。

1. 按照外观划分

按照手机外观划分，可以把手机分为折叠式、直板式、滑盖式、旋转式等几类。

1）折叠式手机。也称为翻盖手机，这种手机要翻开盖才可看到主显示屏或按键。

2）直板式手机。手机屏幕和按键在同一平面，操作简单，内容直观。

3）滑盖式手机。主要是指手机要通过抽拉才能看到全部机身。

4）旋转式手机。外观类似于滑盖手机，与滑盖手机不同的是，手机显示屏部分在旋转 180°后才能看到全部机身。

2. 按照功能划分

按照手机功能划分，可以将手机分为商务手机、拍照手机、音乐手机、智能手机、三防手机、老人手机和游戏手机等。

1）商务手机。以商务人士等作为目标用户群的手机。其功能主要侧重于以下几个方面：具备双待机或者多待机功能，能够支持不同类型的移动通信网络；具备超长待机功能，方便频繁出差用户；具备隐形和保密功能，能够过滤不需要的信息，同时能够保护手机信息安全；具备基本办公需求，可以使用网络以及 Office 等办公软件。

2）拍照手机。指突出相机功能的手机。许多手机生产厂家致力于提高手机的拍摄功能。目前许多手机已经采用了高端的蔡司等镜头，使它们具备了强大的拍照能力。比如，三星的 G 系列拍摄功能手机系列推出了 500 万像素的 SGH-G600 和 3 倍光学变焦及脸部识别功能的准专用级拍照手机 SGH-G800。

3）音乐手机。音乐手机除了具有电话的基本功能外，还侧重于音乐播放功能。特点是音质好，播放音乐时间持久，有音乐播放快捷键。音乐手机不是简单的 MP3 与手机的相加，首先它需要拥有一个可靠的数字音乐播放器，能够支持 MP3 和 AAC 等开放的标准音乐格式，同时，还需要具备音乐搜索、音乐下载和从其他设备上传输音乐文件的功能。目前音乐手机两大标准为诺基亚的 NokiaXpressMusic 以及索尼爱立信的 Walkman。

4）智能手机。智能手机是指“像个人电脑一样，具有独立的操作系统，可以由用户自行安装软件、游戏等第三方服务商提供的程序，通过此类程序来不断对手机的功能进行扩充，并可以通过移动通信网络来实现无线网络接入的这样一类手机的总称”。智能手机除了具备手机的通话功能外，还具备了个人数字助理（PDA）的大部分功能，特别是个人信息管理以及基于无线数据通信的浏览器和电子邮件功能。智能手机为许多软件提供了开放式平台，用户可以根据自己需要打造属于自己的手机平台，使用股票、新闻、天气、交通、商品、应用程序下载等多种增值服务。

5）三防手机。三防手机是指具有一定能力的防震、防水、防尘功能的手机。这种手机主要为喜欢户外运动和从事恶劣环境工作的人员设计，目前可以分为普通类的三防手机和专业类的三防手机。专业类的三防手机具有比较好的抗浸泡、抗摔和抗碾压能力。

6）老人手机。老人手机是指专门为老人量身定做的手机。其特点包括以下方面，即超大按键与字体、手电筒功能、FM 收音机功能、一键紧急呼叫功能、语音报时功能、数字按键读报功能、快捷拨号功能、一键助听功能、大音量、完美的免提功能、定位功能、轨迹回放功能等。这些功能方便老人使用，体现了现代电子产品的人性化设计。

7）游戏手机。游戏手机是指侧重于玩游戏的手机。早期的手机都是非智能化的，其游戏也多是嵌入式的，由生产厂商安装。随着智能手机的出现，手机游戏也可以由用户进行选择性植入，目前常见的手机游戏主要为 Java 类的手机游戏。

1.3 手机品牌及典型机型介绍

随着手机制造业的迅速发展、手机相关业务的不断增多和手机资费的不断降低，目前，手机的高普及率时代已经来临。根据国际电信联盟（ITU）的统计数据显示，截至 2010 年 7 月，全球手机用户总数达 50 亿，手机普及率达到 73%。手机高普及时代的来临必将对未来手机需求产生重要影响，也将对未来手机产业链以及产业链上相关子行业的竞争格局产生重要影响。

1.3.1 手机品牌简介

目前国内市场常见的手机品牌种类繁多，按照品牌所在地可以分为欧美品牌、日韩品牌、中国台湾品牌和中国大陆品牌4大类。

欧美常见品牌包括诺基亚（NOKIA）、索尼爱立信（Sony Ericsson）、摩托罗拉（Motorola）、飞利浦（Philips）、Palm、黑莓（BlackBerry）、苹果（Apple）、惠普（HP）、阿尔卡特（Alcatel）、I-mate、Mobiado、Vertu 等。

日韩常见品牌包括三星（Samsung）、LG、夏普（Sharp）、富士通（Fujistu）、东芝（Toshiba）、现代（Hyunai）等。

中国台湾常见品牌包括宏达电（HTC）、华硕（ASUS）、宏基（ACER）、OKWAP、技嘉（GSMART）等。

中国大陆常见品牌包括多普达（Dopod）、联想（Lenovo）、华为、欧普（OPPO）、步步高、中恒（DEC）、亿通（EY）、海尔（Haier）、CECT、信实（Sins）、三普（Sunup）、VEVA、中兴（ZTE）、天语（Touch）、UT 斯达康（UT-STARCOM）、海信（Hisense）、纽曼（Newsmy）、爱国者（aigo）、东信、波导（BIRD）、TCL、创维（Skyworth）等。

目前，手机市场竞争十分激烈。根据相关的统计数据，2008 年手机排名，诺基亚排名第一，市场份额为38.6%，排名第二的是三星电子，市场份额为16.2%；第三名是LG 电子，市场份额为8.3%；第四名是摩托罗拉，市场份额为8.3%；第五名是索尼爱立信，市场份额为8%；第六名是 RIM，市场份额为1.9%；第七名是京瓷（Kyocera），市场份额为1.4%；第八名是苹果，市场份额为1.1%；第九名是宏达电（HTC），市场份额为1.1%；第十名是夏普，市场份额为1%；其他所有厂商，市场份额为14.1%。

2011 年，全球手机市场份额最大的品牌仍然是诺基亚，但其份额下滑到了22.8%，；排名第二、三位的厂商依然是三星和 LG 两个韩国品牌，份额分别为16.3%和5.7%；苹果公司是全球第四大手机厂商，但其份额已经增长到了4.6%，中兴通讯排在了第五位。

1.3.2 典型手机介绍

1. 诺基亚手机

诺基亚公司是一家生产移动通信产品的跨国公司，总部位于芬兰。在移动电话产品市场上，诺基亚已经多年占据市场份额第一的位置。诺基亚精于直板手机的设计和制造，其经典机型基本上都是直板机。初期的诺基亚手机在设计过程中一直坚持性能人性化、价格大众化的路线。从诺基亚7610 开始，诺基亚研发部门分成两部分，一部分继续保留原来的大众化路线，另一部分开始研发符合时代潮流的新款手机。目前市场上常见的诺基亚手机可分为多个系列。

1 系列和2 系列属于低端系列，其代表机型为诺基亚1110、诺基亚1680 和诺基亚2700c 等。

3 系列是针对年轻一代设计的时尚个性系列。这个系列有诺基亚3210、诺基亚3310、诺基亚3100、诺基亚3220 等经典的低价位手机和诺基亚3250、诺基亚3650、诺基亚3660

等智能手机。

5 系列属于运动活力系列，也称为功能手机系列、音乐手机系列。该系列经典手机包括可换壳的诺基亚 5100、经典的音乐手机诺基亚 5200、诺基亚 5300、智能手机诺基亚 5320、诺基亚 5800 等。

6 系列属于商务精英系列，智能化是其主要特点。其经典款式包括诺基亚 6110、第一款 3G 手机诺基亚 6650、第一款使用 65536 色屏幕的诺基亚 6600 以及 3G 手机诺基亚 6700 等。

7 系列属于时尚系列，在 7 系列手机上诞生了许多充满创意的设计，比如诺基亚 7610 和由它衍生出的诺基亚 7260、诺基亚 7270、诺基亚 7280 等。

8 系列属于尊贵典雅系列，此系列机型不多，但手机造型独特，外壳用料考究，代表机型为诺基亚 8310、诺基亚 8810、诺基亚 8850、诺基亚 8855、诺基亚 8910 等。

9 系列属于个人助理系列，这个系列结合了手机与 PDA 功能，采用笔记本电脑造型，拥有强大的个人信息管理功能，价格昂贵。

E 系列面对的是商务人群和企业用户的智能手机，主要与黑莓手机进行竞争，有几款没有摄像头，如 E51、E61、E71。

N 系列被诺基亚定位为偏向于娱乐性能的高端智能机，是诺基亚将时尚、功能、商务定位结合的多媒体智能终端，代表其未来发展潮流，代表机型为 N70、N76、N80、N90、N91、N93、N95、N96、N97。从 N73 以后都是高端智能手机，并且大部分采用塞班操作系统。

X（Nokia Xseries）系列作为新手机终端品牌推出，在拥有 XpressMusic 音乐系列功能的同时，具备更出色和更全面的功能，成为新的音乐手机品牌，是将 XM 音乐系列和 N 高端系列结合在一起的新一代手机产品。X 系列目前推出了 X3 和 X6。

C（Nokia Cseries）系列将重点聚焦在目前热门的移动互联网设备（MID）和上网本上。

2. 三星手机

作为目前手机世界销量第二的韩国三星电子有限公司（简称三星电子）成立于 1969 年。1992 年 8 月，三星电子有限公司在中国惠州投资建厂。此后的 10 年，三星电子不断扩大在中国的投资与合作，已经成为对中国投资最大的韩资企业之一。三星手机外观时尚，屏幕显示效果优秀，娱乐性能强大，质量稳定，价格偏贵，中高端档次机型很多。目前三星手机可分为以下几个产品系列。

A 系列最初为折叠手机系列，如 SGH-A188、SGH-A288、SCH-A599、SCH-A809 等，最新的 A 系列新机型则脱离了以前的设定，如近期推出的 A727。

B 系列是专门为 DMB 网络而设计制造的，没有在我国销售。

C 系列主要是低端手机，而且几乎所有 C 系列都为直板造型，外形简练，功能也尽量地简化，如 C208/C238 等。

D 系列是三星推出的豪系列。经典机型包括“华铂”系列的 D508、“锐铂”系列的 D608、D900/D908。

E 系列是三星手机的中高端商务手机。经典款式包括 SGH-E908、奥运合作手机 E848、与北欧著名高级音响生产商 B&O（Bang Olufsen）携手推出的 SGH-E918 等。

F 系列是三星的超薄多媒体手机系列，每一款都有音乐或视频的专长，主打机型包括 SGH-F209、加强版音乐手机 SGH-F300 和加强版影音手机 SGH-F500。

G 系列是三星拍摄功能手机系列。该系列的代表有 2007 年度最佳手机 500 万像素的

SGH-G600 和 3 倍光学变焦和脸部识别功能的准专用级拍照手机 SGH-G800。

I 系列是三星智能手机系列。该系列使用过多种智能系统，比如 Linux、Palm 和 Symbian UIQ 等，目前其主要机型是基于 Windows Mobile 系统的智能机，代表机型有 SGH-i640 和 i450。

L 系列是直板商务手机系列，为金属外壳，代表机型为三星 L288。

M/N 系列中的 M 系列最早为 MP3 手机系列，例如 SGH-M188；N 系列的发布略晚，代表机型有 SGH-N188。

U 系列是超薄类三星手机系列，包括 5.9mm 厚的 SGH-U100、9.6mm 厚的 SGH-U300、10.9mm 厚的 SGH-U600 及 12.1mm 厚的 SGH-U700。该类手机不但厚度很薄，而且都具备 300 万像素摄像头和完善的手机功能。

V 系列是 C 网专用手机系列。代表机型为 SCH-V770、SCH-V870 和 SCH-V940 等。

W 系列是（GSM 和 CDMA）双模手机系列。代表机型有 W597 和 SGH-W629 等。

Z 系列是以 3G 为主的系列。机型涉及直板、翻盖和滑盖，支持的网络也有多种，包括 WCDMA、EDGE 和 HSDPA。

Ultra Smart 系列是超高配置、超智能系列。代表机型有 F520 和 F700。

3. LG 手机

LG（Lucky Goldstar）是韩国第三大公司生产的。1995 年前称为 Lucky Goldstar，而目前一般认为 LG 是 Life is Good 的缩写。LG 公司是生产和供应高端显示器、信息家电、移动终端等产品的电子信息通信企业。作为高端移动通信终端领域的世界一流公司，LG 公司在中国继 CDMA 之后全面拉开了 GSM 终端事业的序幕，不断推出内置 CDMA 和 GSM 芯片的世界通用手机。

按照 LG 公司的命名规则，将所生产的手机分为以下几个产品系列。

B 系列是廉价的入门级手机系列，代表机型为 BL20 和 BL40。

W 系列是支持 WAP 功能的手机系列，既有中端机型，又有高端机型，代表机型为 W3000 和 W7000 等。

G 系列是支持 GSM/GPRS 网络的手机系列，代表机型为 GD580 和 GW620 等。

C 系列是支持 CDMA 1X 网络的手机系列，代表机型为 C960 等。

U 系列是 3G 手机系列，目前此类手机的定位仅限高端市场，代表机型为 U830、U880、U900 等。

4. 摩托罗拉手机

摩托罗拉公司创立于 1928 年，公司的英文名为 MOTOROLA，总部地址在美国伊利诺斯州，是全球芯片制造、电子通信的领导者。摩托罗拉公司将我们熟悉的手机转变成了在日常通信、数据管理和移动娱乐中必不可少的个人通信产品。

作为一个手机行业的领航者，摩托罗拉公司在经过了初期的风光和近期的低迷后对它的产品进行了调整，推出了一系列新的机型来代替过去的产品。目前摩托罗拉的手机可分为以下几个产品：

XT 系列：被摩托罗拉公司定位为偏向于娱乐性能的高端智能机，采用 Android 系统。

WX 系列：属于入门级手机的低端系列，2009 年推出，用来替代以前的 C 系列和 W 系列。

透明系列：摩托罗拉公司专门为中国设计的透明翻盖手写智能手机。

RAZR 系列（刀锋系列）：摩托罗拉公司的超薄手机系列，代表为 V3、V8 等。

ROKR 系列：其名称来自英文“ROKR”摇滚的谐音，顾名思义就是功能强大的音乐手机系列，本系列代表机型有 ROKR E2、ROKR E8 等。

SLVR 系列：薄客系列超薄手机，这个系列主要面向中低端的市场。本系列代表机型有 SLVR L7 等。

AURA 系列：摩托罗拉新一代旋转手机系列，如 R1。

前期的摩托罗拉产品系列包括以下几种。

V 系列：时尚手机系列。代表机型为 V600、V171 等。

T 系列：多功能机型系列。代表机型为 T720 等。

E 系列：娱乐机型或青年机型系列。代表机型为 E398 等。

C 系列：入门级手机系列。代表机型为 C381。

R 系列：流行的功能手机。代表机型为 R800。

S 系列：智能手机系列。

MP 系列：代表机型为 MPX，MPX220；

5. 索尼爱立信手机

索尼爱立信（Sony Ericsson）公司诞生于 2001 年，它是由索尼公司和爱立信公司各控股 50% 的合资公司。两大公司的合作使得索尼爱立信既融合了索尼在影音、产品规划及设计能力、消费电子产品营销和品牌推广方面的专长，同时也继承了爱立信在移动通信技术、与运营商关系、网络设施建设等方面的专长，不断创新开发出功能丰富的手机、配件和 PC 卡产品，服务全球通信市场。目前索尼爱立信已经成长为一个国际知名品牌。

T 系列：索尼爱立信基本的手机系列，一般为直板手机，代表手机有索爱 T707、索爱 T715 等。

Z 系列：时尚手机系列，通常是折叠手机，代表手机有索爱 Z550、索爱 Z610、索爱 Z770 等。

P 系列：索爱智能手机系列，代表手机有索爱 P1、索爱 P990 等。

K 系列：为双面设计拍照手机系列，代表手机有索爱 K750、索爱 K790、索爱 K800、索爱 K850 等。

M 系列：为商务娱乐机系列，代表手机有索爱 M600、索爱 M608 等。

S 系列：为运动型手机系列，一般是滑盖或旋转手机，代表手机有索爱 S500、索爱 S700 等。

J 系列：直板无照相功能手机系列，代表手机有索爱 J105、索爱 J20 等。

W 系列：索爱的 Walkman 音乐手机，代表手机有索爱 W980、索爱 W995 等。

通过对以上几个手机主要品牌的介绍，可以看出目前手机生产厂商已经越来越注重手机综合功能的设计，移动终端的内涵开始变得越来越宽泛，“融合”的趋势越来越明显，摄像头（拍照和录像）、音乐播放、视频播放、GPS 导航、游戏和娱乐等功能的进一步发展和提高将会是未来手机的发展方向。

6. 苹果手机（iPhone）

iPhone 是苹果公司的手机产品。iPhone 是多制式手机，支持 802.11b/g 无线上网（iPhone3G/3Gs/4 支持 WCDMA 上网，iPhone4 支持 802.11n），支持电邮、移动通话、短信、网络浏览以及其他的无线通信服务。iPhone 没有键盘，而是创新地引入了多点触摸（Multi-touch）屏界面，在操作性上与其他品牌的手机相比占有领先地位，是世界上第一台使用电容屏的手机。iPhone 是结合照相手机、个人数码助理、媒体播放器以及无线通信设备的掌上设备。iPhone 包括了 iPod 的媒体播放功能，和为了移动设备修改后的 Mac IOS X 操作系统，以及高像素的摄像头。

第一代苹果手机 iPhone：2007 年 1 月 10 日，在 MacWorld 大会上苹果正式发布了首款苹果智能手机 iPhone。第一代 iPhone 采用了 3.5 英寸 1600 万色的 TFT 触控屏，分辨率为 HVGA（320×480 像素），摄像头 200 万像素，机身采用的是金属材质。第一代 iPhone 首次加入了电容触控理念，并且将革命性的多点触控功能也融入其中，而这也成为 iPhone 成功最重要的原因之一。此外 iOS 系统的运用使得手机操控变得简单起来，原来没有键盘的手机也可以这样方便。但是，第一代 iPhone 手机不支持多任务处理、蓝牙传输等众多在当时看起来非常重要的功能。

第二代苹果手机 iPhone 3G：2008 年，苹果发布了可支持 3G（第三代移动通信）网络的 iPhone 3G，并且增加了对企业邮件系统的支持，同时 GPS 导航功能也被融入其中，iPhone 3G 整机设计得更加一体化。硬件方面，iPhone 3G 配备了 3.5 英寸 1600 万色的触控屏，480×320 像素分辨率，在系统方面，iPhone 3G 首次加入了多国语言的支持，包括简繁体中文、日文、韩文等其他亚洲语言，内置中文简体/繁体输入法，并支持手写输入。iPhone 3G 根据其内存容量分为 iPhone 3G（8G）和 iPhone 3G（16G）两种。

第三代苹果手机 iPhone 3GS：iPhone 3GS 在外观方面和 iPhone 3G 几乎没任何的区别，iPhone3GS 的电池寿命更长，带有内置导航，拥有 300 万像素自动对焦摄像头和前置摄像头以支持 3G 视频通话。支持最高下行速率 7.2Mbit/s 的 HSDPA 网络，可通过 MMS 和电子邮件实现视频共享。显示屏采用 3.5 英寸触控屏，分辨率 HVGA（480×320 像素），显示效果没有实质性的提升。摄像头由 200 万像素提升至 300 万像素，并且加入了触控对焦功能，拍摄效果有了明显的改进。iPhone 3GS 在硬件方面有比较大的提升，其处理器主频达到了 667MHz，并且运行内存（RAM）也为 256MB，同时它还配有全新的 OpenGL ES 2.0 图形处理引擎，在 3D 效果方面表现异常出色。为了保证用户对多媒体存储的需求，将内存也升至 16GB 和 32GB。iPhone 3GS 搭载了当时最新的 iOS 3.0 版本，全面支持复制粘贴功能。

第四代苹果 iPhone 4：iPhone 4 采用全新的外观设计、强悍的硬件配置、iOS 4 系统。苹果 iPhone 4 使用了和 iPad 一样的 Apple A4 处理器，主频是 1GHz。iPhone 4 采用"Retina 显示屏"，分辨率为 960×640 像素，屏幕对比度为 800:1，采用 IPS 技术（比一般计算机和手机的 TN 屏的可视角度高很多）。支持多种视频格式，如 H.264、MPEG-4 等。iPhone 4 将摄像头升级到了 500 万像素，支持 5 倍数码变焦和屏幕触摸对焦，并支持帧率 30fps 的 720P（1280×720）高清视频拍摄，添加了一个 LED 闪光灯（拍摄视频时是常亮的补光灯），照片和视频有地理标记功能。此外，背景光感应器的加入显著提高了光线较弱时的拍照质量，在前方也加了一个用于可视电话的 30 万像素摄像头（支持拍摄 30fps 的视频）。

第五代苹果 iPhone 4S：iPhone 4S 外形与 iPhone 4 相似，iPhone 4S 内置苹果双核 A5 处理器，跟 iPhone 4 相比处理速度提升 1 倍，而图形处理速度提升 7 倍。iPhone 4S 摄像头为 800 万像素，比 iPhone 4 的摄像头多出 60%，并可以拍摄 1080p 高清视频。摄像头采用全新光学技术，无论处于怎样的光线条件下，都能确保呈现最佳的图像效果，更大的 f/2.4 光圈收入更多光线，让照片更明亮、更出色，具有面部检测功能和裁剪、旋转、增强效果等编辑功能。操作系统采用 iOS5，增加了 iMessage 等多项新功能。具有 AirPlay，可用无线方式将 iPhone 上的内容通过 Apple TV 传输至 HDTV 和扬声器。iPhone 4S 可以在两个天线之间智能切换，HSDPA 数据传输速率提高了 1 倍，达到 14.4 Mbit/s。

1.4 手机标贴信息

每一部合法生产的手机都会有它的身份证明，而这个认证信息就记录在手机信息标贴上。一般来讲，手机的信息标贴位于手机电池的下方机身上，包括主标贴信息和进网许可证信息。下面以 NOKIA3120 手机为例来介绍手机标贴信息的内容。NOKIA3120 手机标贴如图 1-1 所示。

图 1-1 NOKIA3120 手机标贴

1.4.1 主标贴信息

从图 1-1 中，可以看到手机主标贴信息包括以下内容：

NOKIA——对应手机生产厂商。

Model（型号）：3120——对应手机型号。

Type：RH-19——对应手机产地代码。

CMII ID：2004CJ0328——CMII ID 是中国信息产业部的代号标志，代表了销往中国内地的行货手机。

Code：0522843——对应手机型号、销售地和手机颜色。

GSM/GPRS 手机——对应该款手机的网络制式。

A039650——对应手机产地代码。

IMEI356224/00/911568/0——对应手机 IMEI 代码。IMEI（International Mobile Equipment Identity）是国际移动设备辨识码的缩写。国际移动设备辨识码是由 15 位数字组成的“电子串号”，它与每台手机一一对应，而且该码是全世界唯一的。每一只手机在组装完成后都将被赋予一个全球唯一的一组号码，这个号码从生产到交付使用都将被制造生产的厂商所记录。国际移动设备辨识码组成如下。

前 6 位数：TAC（Type Approval Code）是“型号核准号码”，一般代表机型。不同型号的手机有其不同的核准号码。

次 2 位数：FAC（Final Assembil Code）是“最后装配号”，一般代表产地，指手机最后完成时是在哪一家工厂完成的，每一个工厂都有其特别的代号，但它并不是在哪一个国家制造的代号。

再次 6 位数：SNR（Serial Number）是“串号”，一般代表生产顺序号，同一个牌子的同一型号的 SNR 是不可能一样的。如果你发现有两个主机的序号是一模一样的话，那么其中一个就一定有问题。

最后 1 位数：SP（Spare）为检验码。

用户可以在 GSM 手机上输入“＊#06#”来显示手机的 IMEI 码，如果显示的 IMEI 码与主标贴不一致，那么手机就存在问题。

1.4.2 进网许可证信息

进网许可证标志是加贴在已获得进网许可的电信设备上的质量标志，统一印制和核发，是行货手机的真品凭证之一。之所以有电信设备进网许可证制度，是因为电信网是一个庞大的公共网，一个设备出现问题有可能影响其他设备的运行，从而影响到整个网络的运行。因此，长期以来对于加入到公共电信网的电信设备一直采用入网许可证制度，这些设备需要通过检测，达到有关的技术要求才能入网。2001 年 5 月 10 日，我国工业和信息化部的前身中华人民共和国信息产业部 11 号令发布了《电信设备进网管理办法》，对于入网许可的有关问题做出了明确规定，要求所有入网的电信设备都要经过检测，同时设定了明确的程序和要求。

对于手机用户来讲，可以通过入网许可证标贴来识别手机是否为行货手机。水货手机是没有入网许可证的，有则为假冒。真的入网证一般都是用针式打印机打印的，数字清晰，仔细看有针打的凹痕，而假的入网许可证是普通打印机打印的，数字不十分清晰，没有凹痕。一般而言，入网许可证是比较难造假的，造假所需的设备成本比较高。另外，手机用户也可以通过上网查询来检验入网许可证的真伪。

手机入网许可证的查询办法是进入手机信息界面输入查询信息。具体方法是：查询进网许可证信息输入“RW#许可证编号”；查询进网许可证标志真伪输入“RW#许可证编号#扰码”；查询手机设备真伪输入“RW#许可证编号#扰码#手机串号”。其中，“RW”为固定代码，可以不分大小写；“#”为间隔符，可以用空格代替；许可证编号为进网标志上第 1 行，如“02-0010-994631”，其中“-”可以用字母“A”（不分大小写）代替；扰码为进网标志上第 3 行，如“3N48PT7C17XP3X1”；在手机上输入“*#06#”可以获得手机串号；只输入“RW”，获得帮助信息。输入完毕，发送至 9500，等待回复结论。目前中国移动和中国联通的全部用户都可以通过以上方式进行短信查询。

1.5 习题

1. 常见的移动通信系统有哪些？
2. 手机经历了哪几代？各有什么特点？
3. 手机怎样进行分类？你认为还可以根据哪些特点进行分类？
4. 通过市场调研，粗略统计你所在城市手机厂商在手机市场的占有情况。
5. 手机的标贴包含哪些信息？

第2章　手机常见功能及参数介绍

学习指导

目前市场上的手机品牌众多，新型号新样式的手机层出不穷，各种新技术不断涌现。为了更好地维修手机，必须对手机的各种常见功能和对应参数有较为深入的了解。本章主要介绍手机的基本参数、基本功能和常用软件。

2.1　手机基本参数

手机的基本参数反映了手机的外观特征和基本性能，主要包括手机类型、手机制式和手机频段、数据传输模式、手机屏幕参数、手机铃声参数、手机操作系统、手机 CPU 参数、手机内存参数、手机电池参数和手机外观参数等。

2.1.1　手机类型

目前市场上流行的手机多种多样，可以从功能特点、操作系统和网络制式等几个方面进行分类。从手机功能特点划分，可分为拍照手机、音乐手机、商务手机、GPS 导航手机等；从手机操作系统划分，可分为智能手机和非智能手机，智能手机是指采用了 Palm、Symbian6.0、Windows CE、Linux 等开放性操作系统的手机；从网络制式划分，可分为 GSM 手机、CDMA 手机和 3G 手机等。

2.1.2　手机制式和手机频段

目前，国内流行手机制式主要包括 GSM、CDMA 和 3G 三种。

1）GSM 系统是基于 TDMA 技术实现的数字蜂窝移动通信系统，属于第二代移动通信系统（2G）。其特点是网络容量大、号码资源丰富、通话质量好、抗干扰能力强、接收灵敏度高、网络覆盖好、手机体积小及耗电少等。目前 GSM 系统支持的频段包括 GSM900MHz、DCS1800MHz 及 PCS1900MHz。

2）CDMA 是在数字扩频通信技术上发展起来的无线通信技术。它能够满足市场对移动通信容量和品质的高要求，具有频谱利用率高、语音质量好、保密性强、掉话率低、电磁辐射小、容量大、覆盖广等特点，可以大量减少投资和降低运营成本。目前 CDMA 手机占用 800MHz 频段。

3）3G 是第三代移动通信技术，致力于为用户提供更好的语音、文本和数据服务。与现有的技术相比，3G 技术的主要优点是能极大地增加系统容量、提高通信质量和数据传输速率。此外，利用在不同网络间的无缝漫游技术，可将无线通信系统和国际互联网连接起来，从而可对移动终端用户提供更多和更高级的服务。宽带码分多址（WCDMA）采用的频段为 850/900/1900/2100MHz。

2.1.3 数据传输模式

目前 GSM 手机中常用的数据传输模式包括 GPRS 和 HSCSD。

1）GPRS（General Packet Radio Service）中文名为通用无线分组业务，是一种基于 GSM 系统的无线分组交换技术，提供端到端的、广域的无线网络之间的互联协议（IP）联接。相对原来 GSM 拨号方式的电路交换数据传送方式，GPRS 是分组交换技术，其传输速度更快，同时还具有实时在线、按量计费、快捷登录、高速传输、自如切换等优点。GPRS 的用途十分广泛，包括通过手机发送及接收电子邮件和在互联网上浏览网页等。

2）HSCSD（High Speed Circuit Switched Data）中文名为高速电路交换数据服务，是 GSM 网络的升级版本，HSCSD 能够透过多重时分同时进行传输，因此能够将传输速度提升到平常的 2 ~ 3 倍。

2.1.4 手机屏幕参数

手机屏幕是手机一个重要的人机接口，其参数包括屏幕材质、屏幕色彩和屏幕尺寸参数。

1）屏幕材质参数。目前市场上常见的手机屏幕包括 STN（Super Twisted Nematic 超扭曲向列）、CSTN（Color STN）、OLED（Organic Light Emitting Display 有机发光显示器）、TFT（Thin Film Transistor 薄膜晶体管）等多种材质。比较而言，STN、CSTN 比较省电，价格比较便宜，但反应速度较慢，色彩亮度差；OLED 显示屏采用非常薄的有机材料涂层和玻璃基板，可视角度更大，并且能够显著节省电能；TFT 是质量较高的屏幕，可以显示到较精确及高解析度的影像，但是耗电量大且成本较高。

2）屏幕色彩参数。手机屏幕色彩一般指手机屏幕能够显示最大的色彩数量（通常称为色数）来衡量，越高的色数能够带来越高的色彩表现力，其屏幕更细腻。目前市面上普遍见到的颜色质量有 256 色、4096 色、64K（即 65536）色，更高颜色质量的有 26 万色和 1600 万色，对于照片质量要求较高的用户，26 万色以上是较好选择。

3）屏幕尺寸参数。手机屏幕尺寸分为物理尺寸和显示分辨率两个概念。物理尺寸是指屏幕的实际大小，一般用对角线长度来表示，单位为英寸。显示分辨率，是指手机屏幕有多少个具备显示能力的发光点。分辨率是指这些发光点所构成的点阵的长 × 宽，如 128 × 160。在同等屏幕面积的情况下，像素越高，手机的显示效果越逼真、自然。如果期望手机的屏幕表现力强，那么在选择时，就要有较高的色彩，同时还要有较高的分辨率。

2.1.5 手机铃声参数

手机铃声参数指铃声效果是单音还是和弦音以及手机内存铃声容量、自编铃声功能、录制铃声功能、下载铃声功能等。

目前，国内市面上销售的手机，铃声大致可分为单音节铃声、3 和弦、4 和弦、16 和弦、32 和弦、40 和弦、64 和弦等。单音与和弦音声音相差较大；4 和弦铃声与 16 和弦的声音都太单薄，差别也比较大；40 和弦与 32 和弦的铃声差别较小；而 64 和弦与 40 和弦差别很大。总之，3 和弦与 4 和弦是一个档次，16 和弦是一个档次，32 和弦与 40 和弦是一个档次，64 和弦是一个档次。

2.1.6 手机操作系统

手机操作系统一般只应用在高端智能化手机上。目前应用在手机上的操作系统主要包括以下几种。

1）Symbian（塞班）系统。该系统是一个实时性、多任务的纯32位操作系统，具有功耗低、内存占用少等特点，非常适合手机等移动设备使用。经过不断完善它可以支持GPRS、蓝牙、SyncML以及3G技术等。最重要的是，它是一个标准化的开放式平台，任何人都可以为支持Symbian系统的设备开发软件。

2）Windows Mobile系统。该系统是微软公司开发的掌上版本操作系统，与微软开发的Office系列的办公软件兼容，同时该系统的多媒体功能非常强大，得到了很多用户的认同。

3）Android（安卓）系统。Android是由摩托罗拉公司和Google公司共同开发的基于Linux平台的手机操作系统。该平台由操作系统、中间件、用户界面和应用软件组成，是首个为移动终端打造的真正开放和完整的移动软件。目前安卓系统发展非常迅速，已经逐渐成为高端智能手机的主流操作系统。

4）MeeGo（米狗）系统。MeeGo是诺基亚公司和INTEL（英特尔）公司共同开发的基于免费的手机操作系统。该操作系统可在智能手机、笔记本电脑和电视等多种电子设备上运行，并有助于这些设备实现无缝集成。

5）Wed OS系统。Wed OS（又称为PalmOS）是由Palm公司自行开发的，倾向于PDA的操作系统。由该系统开发的应用软件和配套太少，目前较为少见。

6）iOS系统。iOS（又称为MAC OS）是苹果公司为iPhone开发的操作系统。它主要应用于苹果公司的iPhone、iPad、iPod touch等产品。该系统的用户界面（User Interface，UI）设计及人机操作非常优秀，软件极其丰富。

7）BlackBerry OS系统。BlackBerry OS是RIM公司独立开发出的与黑莓手机配套的系统。该系统随黑莓手机的推广，逐渐为用户所熟知。

2.1.7 手机CPU参数

主流的智能手机CPU有多个品牌，现将各品牌CPU做以下比较。

1）德州仪器。德州仪器的TI系列手机CPU具有低频高能的特点，且耗电量也相对较少，是目前高端智能机使用的CPU品牌。该CPU价格较高，对应的手机价位也比较高。经典的智能机多普达565、575、585采用的是TI OMAP730 200MHz的CPU，还有最新的多普达830、838等采用的是TI OMAP850 200MHz CPU。

2）Intel。Intel公司的CPU频率高，速度快，耗电量大。目前智能机采用Intel的CPU的较多，例如MOTO的E680i和A1200，采用的是Intel XScale 312MHz的CPU，多普达的818、828等采用的是Intel XScale 416MHz的CPU。

3）高通。高通的QUALCOMM（R）MSM系列的CPU主频高、性能出色，多用于HTC的智能手机，其缺点是对功能切换和处理能力一般。

4）三星。三星公司生产手机CPU的时间较短，但发展很快，目前很多智能手机也采用了三星的CPU方案。相比较而言，三星CPU的耗电量低，价格便宜，但性能一般。

5）Marvell。一系列新一代的PXA系列的CPU被广泛应用。该系列CPU功能强大，但耗电量较大。

2.1.8 手机内存参数

手机内存分为机身内存、用户内存及可扩展存储。

1）机身内存。机身内存是指手机内部存储器，其内容不可以修改，是一种只读存储器，存储的是手机的系统文件，内含手机出厂时所带有的铃音、图片、游戏、视频等。

2）用户内存。用户内存为用户自己可支配的内存空间，是可以读/写的存储器。用户内存可分为动态内存和非动态内存。动态内存是随意支配的内存，用于图片铃音等存储，如机器用户内存为2MB动态内存，用户可以将2MB内存全部用于存储下载手机铃音。非动态内存是用户不可随意支配的内存，如机器用户内存为2MB动态内存，用于存储铃音的为900KB、用于存储图片为400KB等。

3）可扩展存储。可扩展存储是指手机中使用扩展存储卡等存储器件。常用的扩展卡有MMC卡、SD卡、T-Flash卡、Sony记忆棒等。

2.1.9 手机电池参数

手机的电池按照材料分为镍氢电池和锂电池。目前手机中常用的电池为锂离子电池，这种电池正极使用锂化合物，负极为碳的3.6V充电电池。与传统的镍氢和镍镉电池比较，锂离子电池具有无记忆效应、重量轻、环保、可随时充电、在3种电池中容量最高等优点，但同时价格较贵，对充电器要求较高，需专用充电器。电池的常见参数一般包括电池电压（一般为3.6V左右）、电池充电限制电压（一般为4.2V左右）和电池容电量（单位为mAh）。

2.1.10 手机外观参数

手机外观参数是指手机的外观设计、机身颜色、机身尺寸、手机重量、天线位置等方面的参数。其中，手机从外观设计划分可分为直板、翻盖、推拉和旋转等几种类型；手机从天线位置划分则可分为包括内置天线和外置天线两种类型。

2.2 手机常用功能

手机的常用功能包括手机基本功能、手机数据功能、手机拍摄功能、手机娱乐功能、手机网络功能和手机应用功能等方面。

2.2.1 手机基本功能

手机常见的基本功能包括输入法、输入方式、短信功能、彩信功能、免提通话、通话记录、闹钟、日历、语音拨号等。

1）输入法。手机在编辑短信息、Email、电话簿中用到的输入方式。手机输入法分为英文输入法和中文输入法，目前常用的中文输入法有拼音输入法、笔画输入法、摩托罗拉输入法（iTAP输入法）等。

2）输入方式。手机输入方式包括手写输入方式、触摸触控输入方式和键盘输入方式，其中键盘输入方式包括 QWERTY 键盘（也称为全键盘）输入和普通的 9 键输入方式。

3）SMS。中文意思为短信服务，是目前普及率最高的一种短消息业务，通过它移动电话之间可以互相收发短信，内容以文本、数字或二进制非文本数据为主，这种短消息的长度被限定在 140B 之内。

4）EMS（Enhanced Message Service）。中文意思为增强型短消息服务。它比起 SMS 来，其优势是除了可以像 SMS 那样发送文本短消息之外，还可以发送简单的图像、声音和动画等信息。

5）MMS。中文意思为多媒体信息服务，也称“彩信”，是按照 3GPP 的标准（也是 WAP 论坛的标准有关多媒体信息的标准）开发的最新业务，它最大的特色就是支持多媒体功能，可以在 GPRS、CDMA 1X、3G、EDGE 的支持下，以无线应用协议（Wireless Application Protocol，WAP）为载体传送视频短片、图片、声音和文字，传送方式除了在手机间传送外，还可以在手机与计算机之间传送。

6）免提通话。不用手持手机，只是利用话机内的传声器、扬声器就可完成通话，功能类似于固定电话的免提通话功能。

7）语音拨号。在进行语音呼叫时，通过开启语音拨号功能，说出被呼叫者的姓名，电话即自动拨向被呼叫者。

2.2.2 手机数据功能

手机数据功能主要包括蓝牙技术、红外接口、Wi-Fi 联接、手机数据线等常用的数据传输方式。

1）蓝牙（Bluetooth）技术。蓝牙是一种短距离无线通信技术，利用蓝牙技术，能够有效地简化掌上电脑、笔记本电脑和移动电话手机等移动通信终端设备之间的通信，也能够成功地简化以上这些设备与国际互联网之间的通信，从而使这些现代通信设备与国际互联网之间的数据传输变得更加迅速、高效，为无线通信拓宽道路。

2）红外接口。红外接口是一种常见的手机配置标准，支持手机与计算机以及其他数字设备进行数据交流。红外通信成本低廉，联接方便，简单易用，而且结构紧凑，因此在小型的移动设备中获得了广泛的应用。通过红外接口，手机可以同各类移动设备进行自由的数据交换，配备有红外接口的手机进行无线上网非常简单，不需要数据联接线和 PC 卡，只要设置好红外联接协议就能直接上网。

3）Wi-Fi 联接。通常称其为无线宽带，是 IEEE 802.11b 标准的别称，是由“无线以太网相容联盟”（Wireless Ethernet Compatibility Alliance，WECA）组织所发布的技术标准，称为无线相容认证。它是一种短程无线传输技术，能够在数百英尺范围内支持互联网接入的无线电信号，在手机中使用它可以完成短距离内的无线网络数据传输，使用户可以不再依赖手机数据线。

4）手机数据线。手机数据线是用来联接手机到计算机的线缆。一部分的手机数据线是专用的，大部分的手机数据线可以通用多种手机型号，例如常用的 Mini USB 数据线，可以与数码相机、多种手机相互兼容。在手机数据线使用过程中应当注意，虽然许多手机数据线是通用的，但是软件并不通用。

2.2.3 手机拍摄功能

手机拍摄功能主要包括摄像头性能、变焦性能、拍摄技术、LED 闪光灯性能和视频拍摄性能等。

1）摄像头性能。摄像头性能指的是手机是否可以通过内置或是外接的摄像头进行静态图片或短片拍摄。作为手机的一项附加功能，手机的拍摄功能得到了迅速的发展。目前手机的拍摄功能主要包括拍摄静态图像、连拍功能、短片拍摄、镜头可旋转、自动白平衡和内置闪光灯等。与手机拍摄性能密切相关的是摄像头的像素数，主要包括有效像素数、最高像素数、最大像素数，其中有效像素才是最重要的。

2）变焦性能。相机的变焦分为光学变焦和数码变焦。手机大部分采用的是数码变焦，部分高中端手机的相机带有光学变焦。数码变焦是指通过插补运算配合光学系统在感光器件垂直方向上的变化，将被摄体进行局部放大，以仿真出光学变焦的效果，但是同时需要注意的是，数码变焦会损耗影像的品质。与专业数码相机的光学变焦相比较，数码变焦技术在手机摄像头中是比较常见的。

3）拍摄技术。配合高像素摄像头的普及，目前手机拍摄技术发展很快，各种新技术都被引入手机行业中来。常见的拍摄技术包括光学镜头变焦技术（可帮助减小画质损失）、内置电子防抖技术（可以获得更加清晰的照片）、相机自动对焦技术配合最先进的脸部识别对焦技术（保证拍摄人物照片更加清晰）。除此之外，许多手机还引入了多种预存相机模式、闪光拍摄、多种定制对焦模式、影像/视频防抖等一系列强大的拍摄技术，让用户可以更好地使用手机的拍摄功能。

4）LED 闪光灯性能。为了更好地辅助手机进行拍摄，目前高端的手机引入了双 LED 补光闪光灯（甚至是氙气闪光灯）来帮助完成日常的白平衡调节和夜拍模式等。

2.2.4 手机娱乐功能

手机娱乐功能包括视频播放功能、音乐播放功能、游戏功能、Java 功能、DAB 数字音频广播等。

1）Java 功能。Java 是由 Sun 微系统公司开发出的程序语言，它本身是一种对象导向（Object-Oriented）的程序语言。Java 功能目前在手机上应用最多的就是 Java 游戏。

2）Flash 功能。手机 Flash 功能是指在手机上实现 Flash 动画播放。目前在手机上播放动画的软件较多，比较常见的是以 Flash Lite 为技术标准的软件播放器，这种播放器广泛用于各种手机桌面 Flash 动画播放。

3）DAB 功能。DAB 是 Digital Audio Broadcasting 的英文缩写，中文含义是数字音频广播。DAB 是继调幅（AM）、调频（FM）广播之后的第三代广播技术，是一个全新的数字化广播体系，能给人们带来 CD 级音质的广播体验。

2.2.5 手机网络功能

手机网络功能是指手机使用相关软件联接互联网的功能，通常包括 WAP 浏览器、WWW 浏览器、第三方浏览器、电子邮件等基本网络功能。

1）WAP 浏览器。无线应用协议是一项全球性的网络通信协议，是目前移动国际互联网一种通行的标准，通过它可以将国际互联网的丰富信息及先进的业务引入到移动电话等无线终端之中。使用 WAP 上网只要求移动电话和 WAP 代理服务器的支持，而不需要对现有的移动通信网络协议进行任何的改动，因而可以广泛运用于目前的各种移动通信网络。目前常用的 WAP 浏览器为 WAP 2.0，它是为加强 WAP 的实用性而设计的，它更加适合现代用户在带宽、数据传输速率、接入能力和手机屏幕通用性等方面的要求。

2）WWW 浏览器。使用这种浏览器可以直接联接互联网，与计算机的功能一样。在这种情况下，网页的格式没有经过压缩，信息量大，在下载信息过程中会产生更大的流量，支持 WWW 浏览器的手机都可以浏览 WWW 和 WAP 两种格式的网站。

3）第三方浏览器。目前许多软件生产商致力于第三方浏览器软件的研发和生产。该类浏览器一般同时支持 WAP 和 Web 网页浏览，其优势是：第一，节省流量，通过压缩技术可以节省网络流量，为用户节省费用；第二，书签同步，通过注册用户可以实现不同平台下的网页书签同步；第三，个性界面，该类浏览器一般提供个性界面设计等功能。

4）电子邮件。手机可以通过网络收发电子邮件，目前常用的方式有 IMAP4、POP3、SMTP 等。

2.2.6 手机应用功能

手机应用功能包括手机商务功能和手机普通应用功能，其中手机商务功能主要用于文档和应用程序处理。目前常用的商务手机支持 PDF、Excel、PowerPoint、Word、Zip 等格式文件的处理；手机的普通应用程序包括电子词典、计算器、来电铃声识别、来电图片识别、图形菜单、秒表、记事本、单位换算等常用功能。

2.3 手机常用软件

随着智能手机的发展，手机的数据运算和软件处理能力越来越强大，促进了手机软件行业的兴起和发展。目前，适应于各种不同品牌、不同型号、不同操作系统的手机软件种类越来越多。按照其适用功能，可以将手机常用软件分为以下几种类型。

2.3.1 手机系统管理软件

手机系统管理软件类似于计算机的优化系统软件，用于帮助用户更好地管理自己的手机系统。手机管理系统的功能一般包括手机硬件体检、危险软件扫描、后台程序监控、手机开机加速、文件系统管理、操作界面管理等基本功能模块及附加的工具软件，能够有效地帮助用户了解自己的手机软硬件信息、提升手机运行速度、扫描有危险的软件、监控后台运行程序、节省手机电量和上网流量，维护手机的正常运转。常见的手机管理软件包括 X-plore（X 管理器）手机系统、手机优化大师、X7 手机系统等。

2.3.2 手机安全软件

随着手机软件的发展和手机上网的普及，手机病毒也日渐增加，大量的垃圾信息和病毒木马的出现危害到了手机用户的安全使用，为此手机安全软件应运而生。手机安全软件的功能主要包括以下几个方面。

1）查杀手机病毒。帮助用户扫描手机中的文件，监控正在运行的进程，防止各种手机病毒和木马病毒的侵害。

2）短信防火墙。屏蔽各种垃圾短信，用户可以通过设置短信黑名单防御垃圾短信，同时也可以设置垃圾短信的处理方式。

3）来电防火墙。用户可以通过设置来电防火墙，屏蔽不想接听的电话号码。

4）进程管理器。帮助用户监控系统当前的进程信息，选择结束某一进程，避免恶意程序占用资源。

5）其他功能。手机安全软件除了以上功能外，一般还提供上网流量实时监控、隐私通信记录加密保存、来去电归属地显示、软件智能升级等功能，帮助用户更好地管理自己的手机。

目前常用的手机安全软件包括360手机安全卫士、瑞星手机杀毒软件、金山手机杀毒软件、信安易手机监控软件等。

2.3.3 手机网络软件

目前手机常用的网络软件主要包括手机网络浏览器、手机网络通信软件、手机网络炒股软件、手机网络读书软件等。

1）手机网络浏览器。目前的智能手机浏览器普遍支持Web和WAP页面浏览方式，适用于Symbian、Windows、Linux、iPhone等各种手机平台，通过采用页面压缩技术，保障了上网联接速度快，网络联接稳定。手机浏览器具有视频播放、网站导航、网页下载、数据管理等基本功能，用户可以通过浏览器联接相关网页、浏览网络信息、收发电子邮件。目前常用的手机浏览器包括UC浏览器、GO浏览器、QQ浏览器等。

2）手机网络通信软件。手机网络通信软件指手机利用互联网进行短信联系的免费软件，无需实时在线，节省资源和流量，支持群发，支持多种网络，受到手机用户特别是年轻用户的青睐。目前常见的手机网络通信软件包括手机QQ、手机飞信等。

3）手机网络炒股软件。这是专门为不方便上网炒股的用户设计，用来显示证券行情、行情分析、外汇及期货信息，并同时进行信息即时接收的超级证券信息平台。常见手机炒股软件包括同花顺手机炒股软件、大智慧手机炒股软件和操盘手手机炒股软件等。

4）手机网络读书软件。适用于上网不方便的用户，集合了网络大量的图书资源，提供用户在线和下载阅读。常见的手机读书软件包括百阅、熊猫看书、Anyview手机电子书阅读器等。

2.3.4 手机地图导航软件

手机地图导航软件通过CMWAP和Wi-Fi等多种接入网络，可以实现地图浏览、地点信息查询、GPS定位、公交换乘查询、驾车线路规划等基本功能，特别适合用户驾车和旅游使用。目前常见的手机地图导航软件包括百度地图等。

2.3.5 手机影音播放软件

根据所支持手机的不同，手机影音播放软件提供常见的WMV、AVI、MKV、RM、RMVB、XVID、MP4、3GP、MPG、MP3、APE/FLAC、WMA、RM、AAC等诸多格式的影音和视频文件的播放以及在线播放。常用的影音播放器包括天天动听、多米音乐、超级多媒体播放器、悠米解霸等。

2.3.6 手机商务办公软件

目前常用的商务办公软件有 QuickOffice 和 OfficeSuit，这两款软件都支持查看和编辑 MWD、DOC、TXT、RTF、XLS、XML、CSV、PPT 和 PDF 等格式的文件，以帮助用户实现移动商务办公。

智能手机软件除了以上类型外，还有生活辅助、手机游戏、桌面管理等相关软件。手机软件的发展充分开发了智能手机的潜力，为手机用户提供了越来越多的便利。

2.4 习题

1. 常用手机的制式和频段有哪些？
2. 手机常用的操作系统有哪些？请相应选择一款使用该系统的手机加以说明。
3. 请选择一款手机，熟悉其操作系统及操作相应的各项功能。
4. 举例说明手机常用的应用软件有哪些？其作用是什么？

第 3 章 手机拆装技巧

学习指导

手机维修过程的第一步就是拆装手机，快速而准确地拆装手机是顺利进行维修的保障。目前市场上手机种类繁多，每种机器都有自己的拆装注意事项，总的来讲，外形款式相似或相近的手机拆装过程相差不多。本章将通过图解的方式介绍手机的拆装技巧。

3.1 手机拆装技巧简介

3.1.1 手机拆装前的准备

为了快速准确地拆装手机，在具备手机基本知识的同时，还应当做好以下准备工作。

1. 环境准备

手机维修是一项非常细致的工作，所接触到的元器件都非常小，为了防止元器件丢失以及外界的干扰，应当在一个独立而且安静的操作空间进行维修，同时还要准备好存放元器件的收纳盒。

2. 防静电准备

手机元器件容易受到静电的伤害，因此，在拆装手机前要做好防静电准备，即在操作台上铺好绝缘胶垫，同时佩戴防静电护腕，使用防静电的拆卸工具。

3. 拆装工具准备

手机拆装通常使用的工具包括 T3、T5、T6 螺钉旋具、直头弯头镊子、塑料螺钉旋具等开启工具。对于某些外形或装配比较特殊的手机，在拆装时，要使用专用拆装工具，比如专用于拆装诺基亚手机的诺基亚标准工具套装。

图 3-1 所示是手机常用拆装工具，从左到右分别为镊子、螺钉旋具、撬片、塑料撬棒。

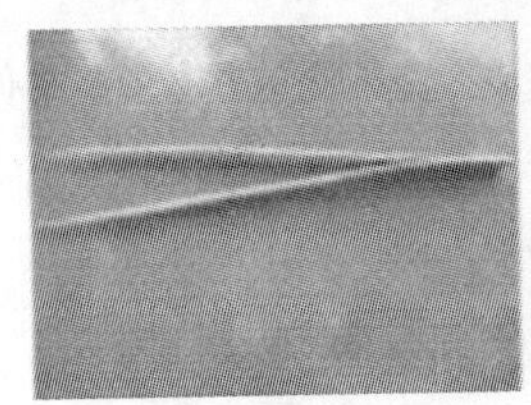
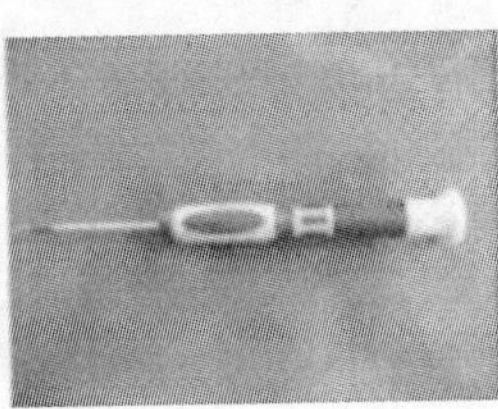
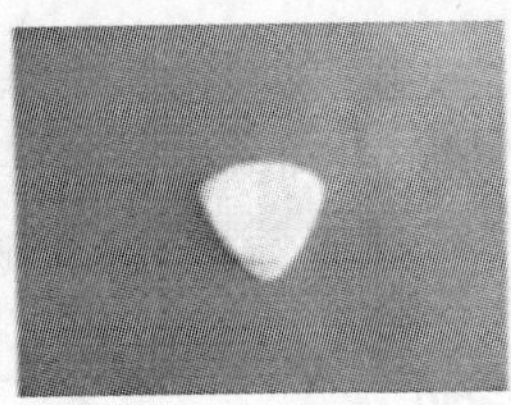
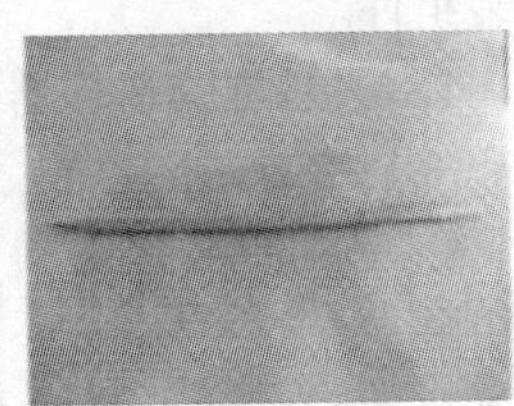

图 3-1 手机常用拆装工具

4. 资料准备

每种手机都有自己的特点，维修者应当尽可能地多方收集手机拆装的相关资料，掌握该种手机的拆装注意事项。

3.1.2 手机拆装步骤

在做好了前期准备之后，就可以进行手机拆装工作了。在拆装不同类型的手机时采取的方式不同，一般可以按照如下步骤顺序进行。

1. 拆卸附属组件

拿到手机后，应先卸下手机的电池、SIM 卡、存储卡、外部天线等相关组件，需要注意的是，在手机维修过程中这些组件一般是交由用户自己保管。

2. 拆卸螺钉

选择合适的螺钉旋具将手机上螺钉拧下。在拆卸过程中，应当特别注意隐藏在标签、橡胶垫、铭牌等下面的螺钉，有些标签需要在加热后方能撕下。

3. 分离前后机壳

拆完螺钉后，下一步工作就是分离前后机壳。可以使用塑料螺钉旋具、塑料撬棒或者专用的开启工具打开机壳之间的卡扣。在开启过程中，应当注意方向正确，用力适当，切忌用力拆卸，以免造成机壳的损坏。

4. 取出手机主板

打开手机上的显示屏软排线接口以及按键接口，顺次取出手机主板、按键板、显示屏等相关组件。

5. 取出分立组件

顺次取出手机内置天线、振铃、振子、受话器、传声器、摄像头等相关组件。

以上是直板手机的拆卸方法，对于结构相对复杂的滑盖手机和翻盖手机，在完成以上步骤后，继续拆卸手机的上滑盖部分或者翻盖部分，在拆卸过程中，要特别注意不要伤害到手机的软排线。

3.1.3 手机拆装注意事项

1）手机属于比较精密的设备，在拆装过程中要特别注意静电防护。

2）手机元器件比较小，焊点也相对较小，引脚之间的距离很近，在拆装时要小心，不要损坏机壳及电路上的元器件。

3）在拆装过程中要养成良好的习惯，将拆下的部件顺序放好，防止丢失，安装时不要漏装组件。

4）显示屏为易损器件，拆装时注意不要用力按压。装机前应注意清洁显示屏，禁止使用清洗剂擦显示屏表面，防止腐蚀，可以在显示屏上贴防护塑料膜。

5）在安装翻盖及滑盖手机时，不要漏装磁铁。

3.2 直板手机的拆卸

直板手机结构比较简单，也是目前市场上常见的一种手机结构形式。初学者可以从直板手机入手学习手机拆装的基本技巧，熟悉手机拆装工具。本节将通过图 3-2 所示的一系列图片来演示诺基亚 7610 手机的拆卸步骤。

步骤1：拆下手机后壳

步骤2：拆下手机前壳支架

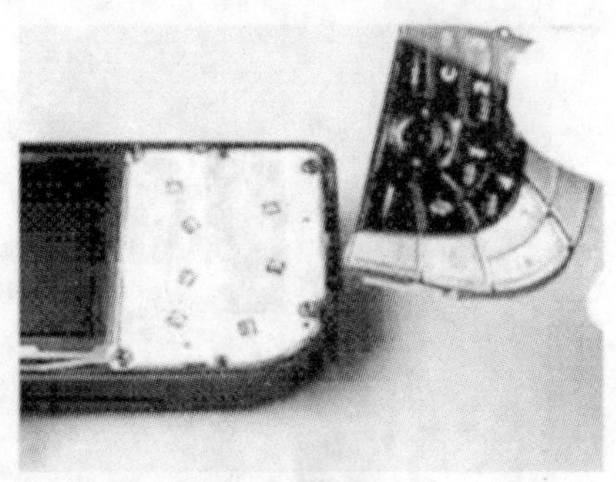

步骤3：取下手机键盘

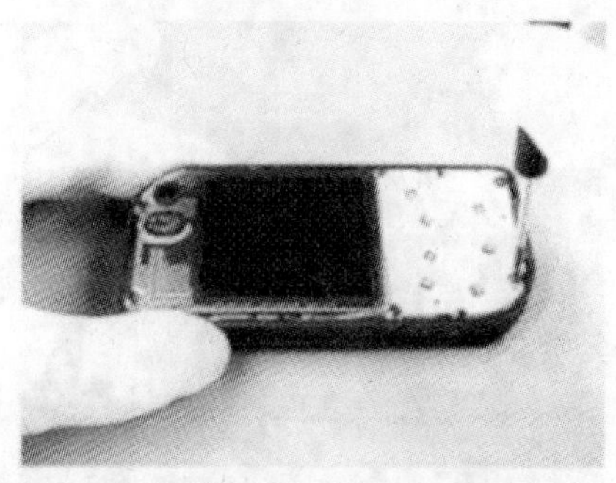

步骤4：拆下手机前面板螺钉

步骤5：取出手机主板

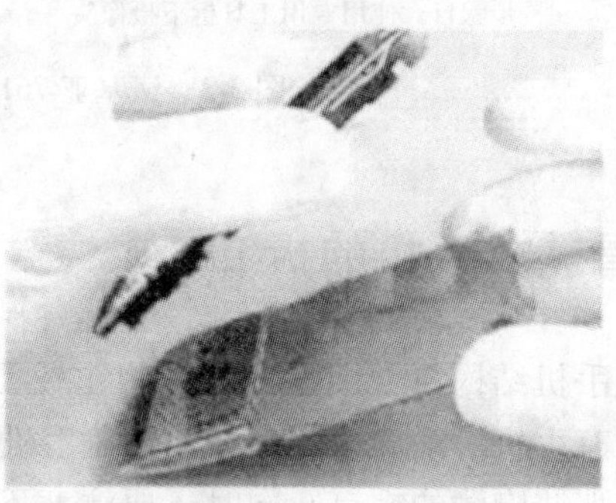

步骤6：分离手机主板与显示按键板

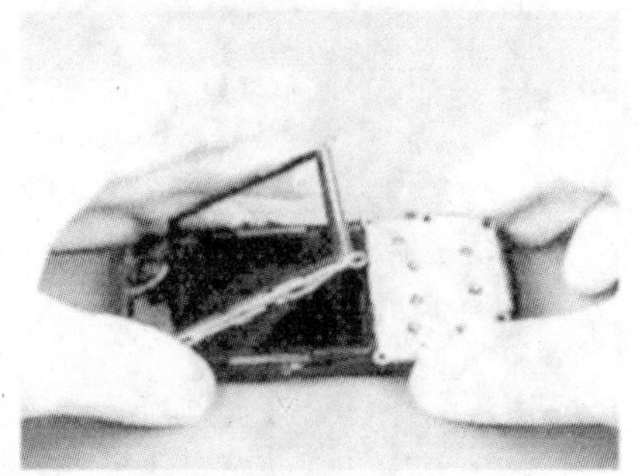

步骤7：拆下手机LCD支架

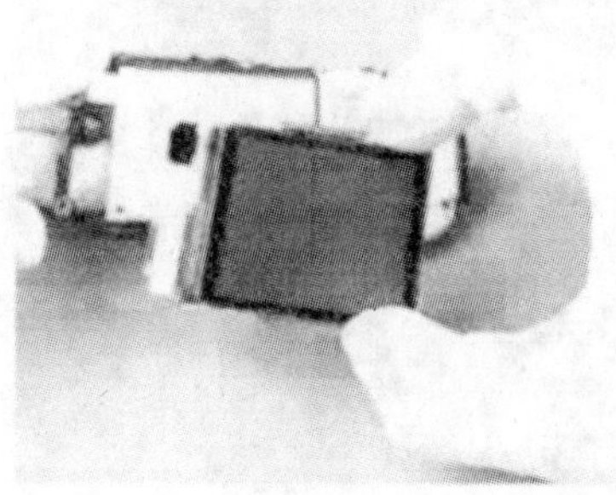

步骤8：取下手机LCD

图 3-2　诺基亚 7610 手机的拆卸步骤

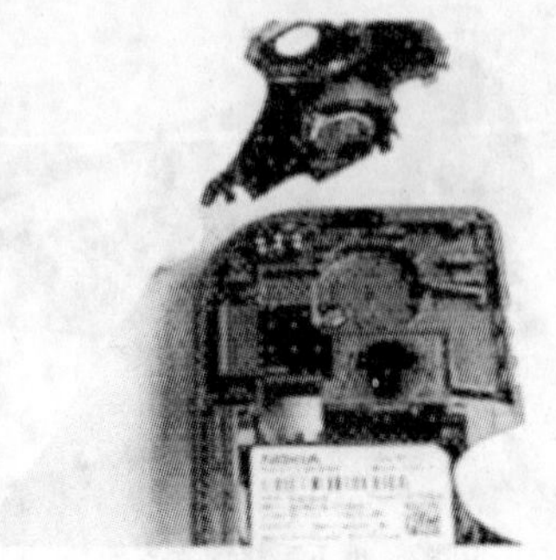

步骤9：拆下手机摄像头后壳

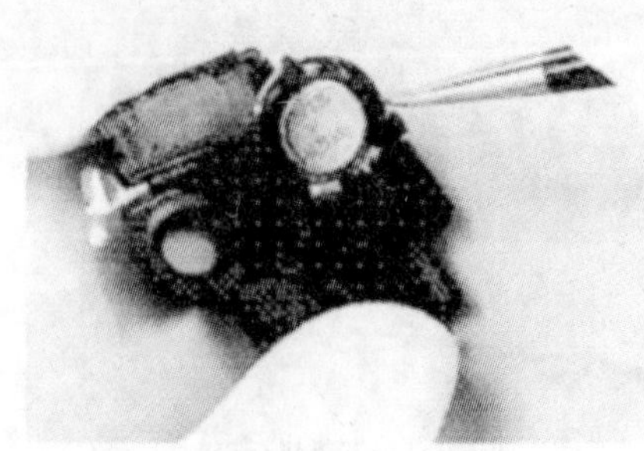

步骤10：拆下手机振铃

步骤11：使用专用工具拆下摄像头

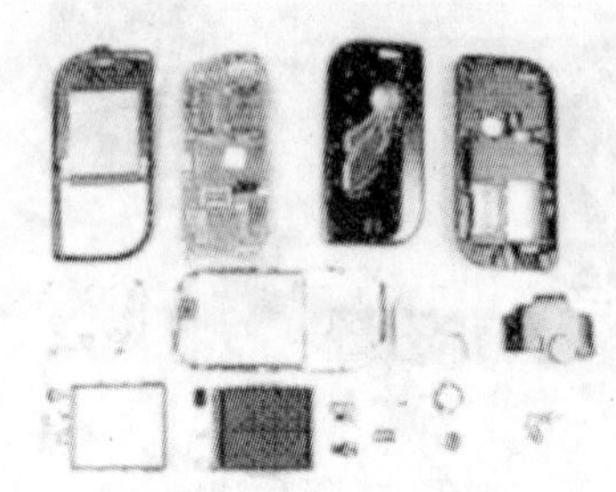

拆卸下的手机全部部件

图 3-2　诺基亚 7610 手机的拆卸步骤（续）

3.3　滑盖式手机的拆卸

滑盖手机结构与直板手机结构相比较要复杂一些，在拆装过程中需要注意的地方也更多，由于有手机滑动导轨的存在，滑盖手机被分成了两个部分，需要分别拆卸，在拆卸过程中要注意那些隐藏的螺钉，同时还要注意不要损坏连接两个部分的排线。下面以天语 S398 手机为例，通过图 3-3 所示的一系列图片来说明滑盖式手机的拆卸步骤。

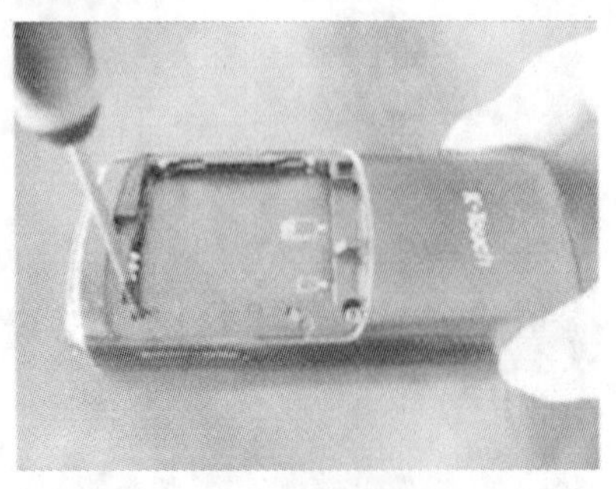

步骤1：拆下手机后壳的4颗螺钉

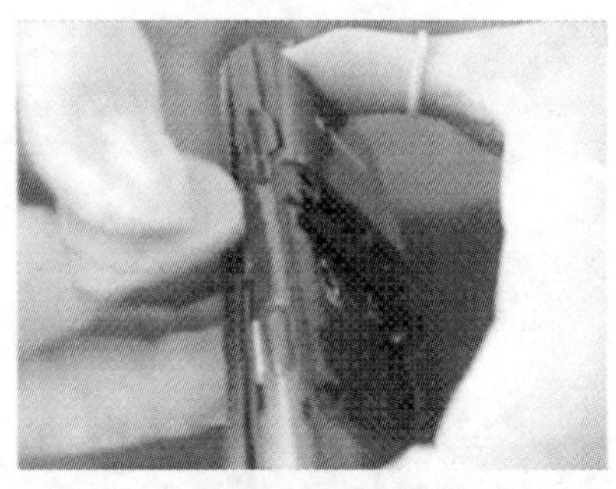

步骤2：用撬片打开手机机壳

图 3-3　天语 S398 手机的拆卸步骤

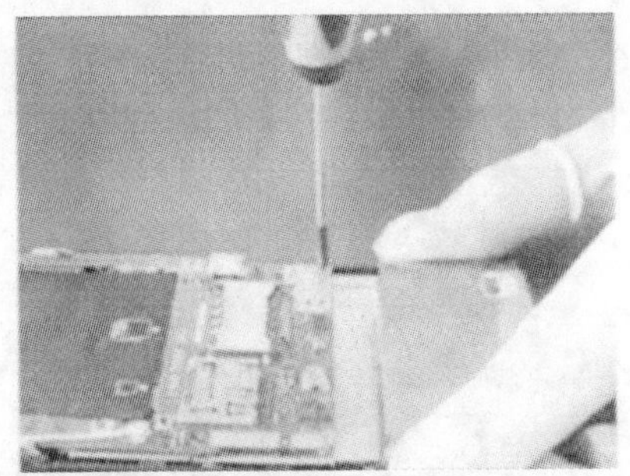

步骤3：拆下固定PCB的两颗螺钉

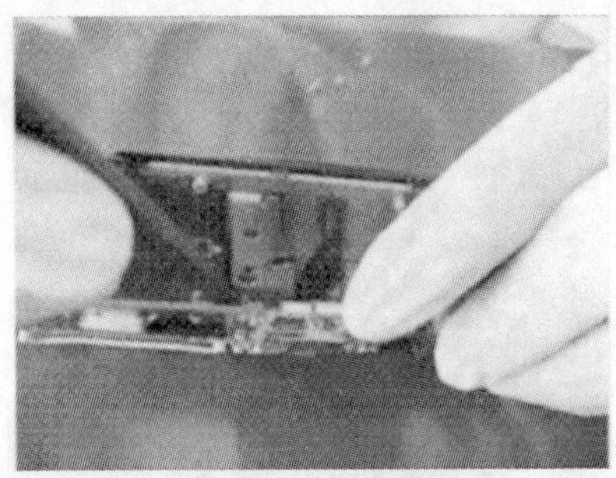

步骤4：拆下连接PCB的软排线

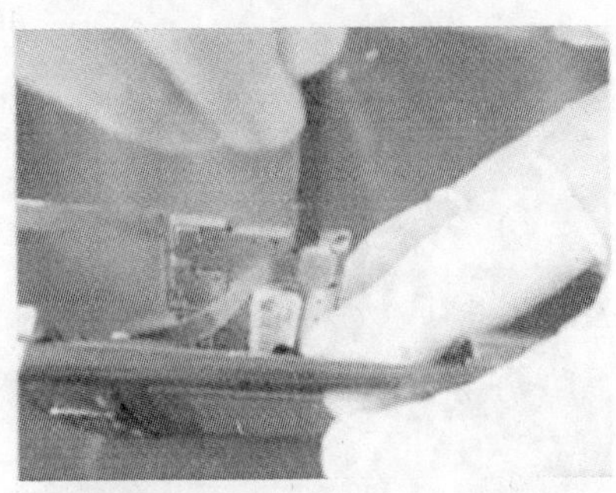

步骤5：拆下连接PCB的第二根排线

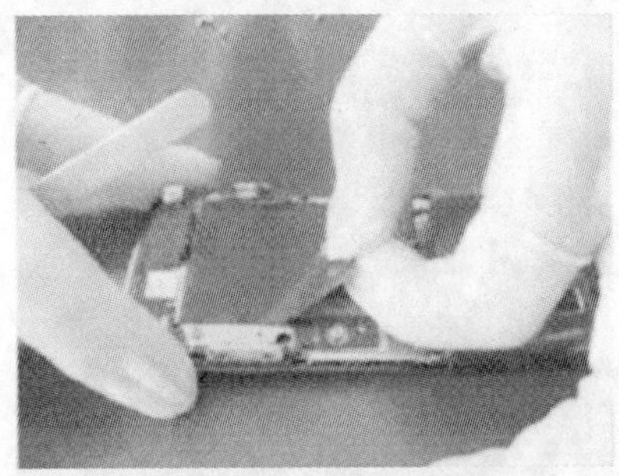

步骤6：拆下手机电池仓绝缘贴片

步骤7：拆下手机滑轨螺钉

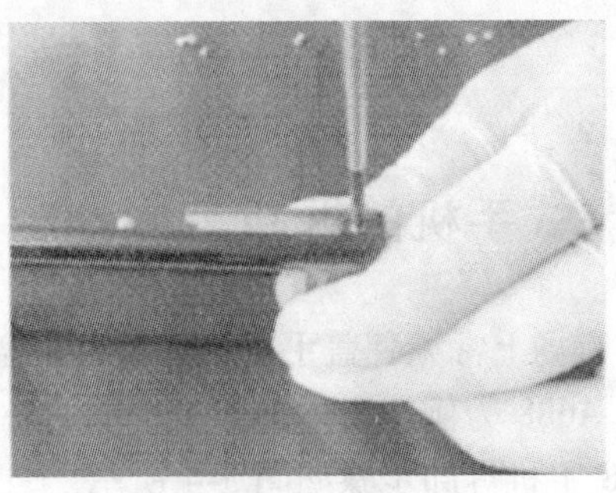

步骤8：拆下侧面隐藏螺钉

步骤9：取下手机摄像头后壳

步骤10：拆下固定滑轨的最后两颗螺钉

图 3-3　天语 S398 手机的拆卸步骤（续）

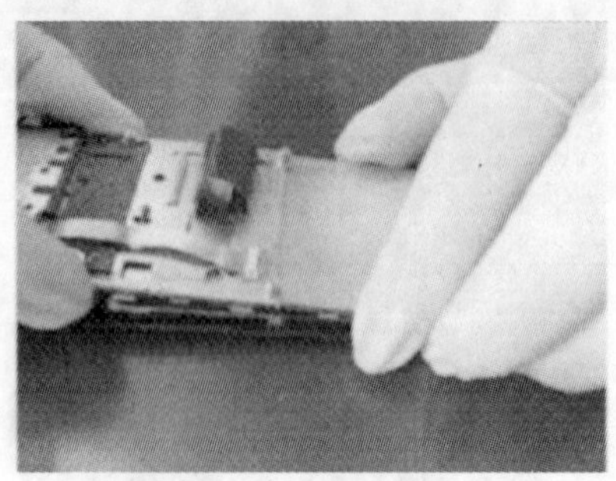

步骤11：取出手机滑轨

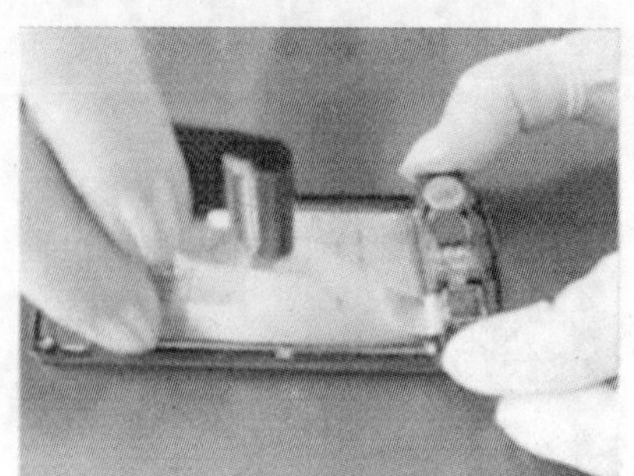

步骤12：拆下手机主FPC

步骤13：拆下手机LCD显示屏

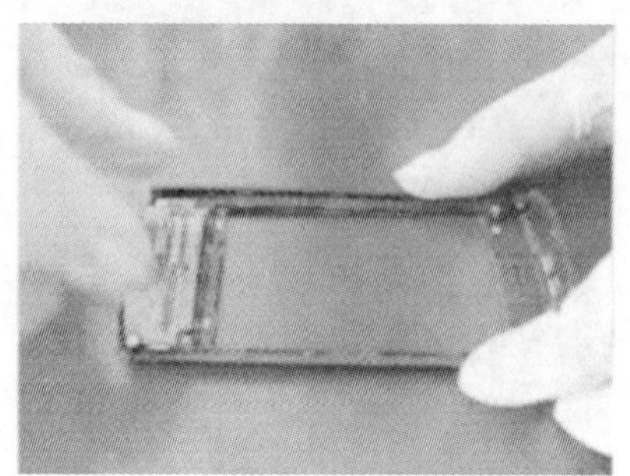

步骤14：拆下功能键按键板(结束)

图 3-3　天语 S398 手机的拆卸步骤（续）

3.4　翻盖式手机的拆卸

目前在市场上常见翻盖手机，在拆装翻盖手机的过程中，需要注意的地方比较多。下面以摩托罗拉 A688 为例，通过图 3-4 所示的一系列图片来说明讲解翻盖手机的拆装过程。摩托罗拉 A688 手机拆卸步骤如图 3-4 所示。

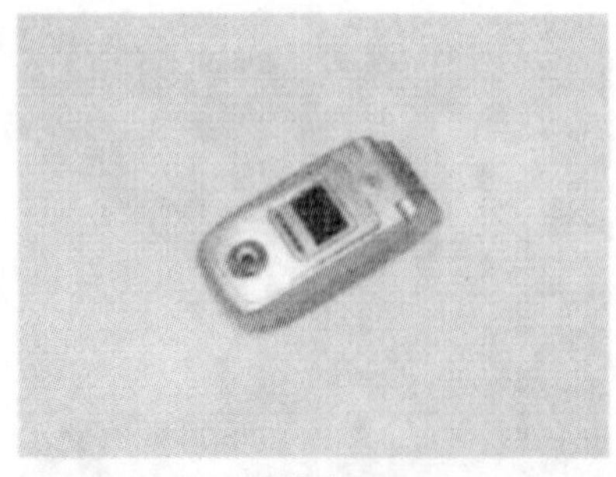

手机实物图

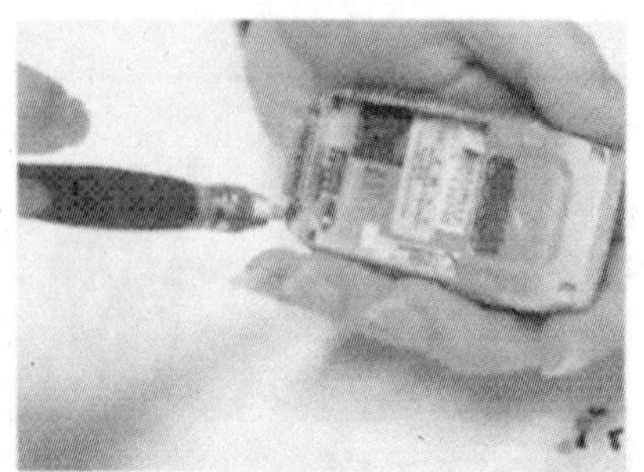

步骤1：拆下手机螺钉

图 3-4　摩托罗拉 A688 手机拆卸步骤

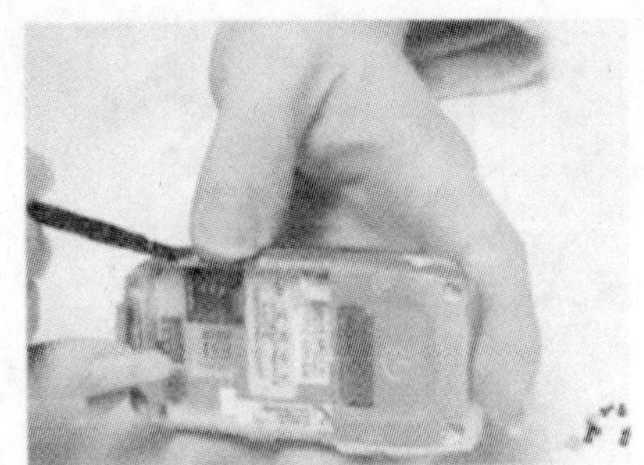
步骤2：拆开手机后盖

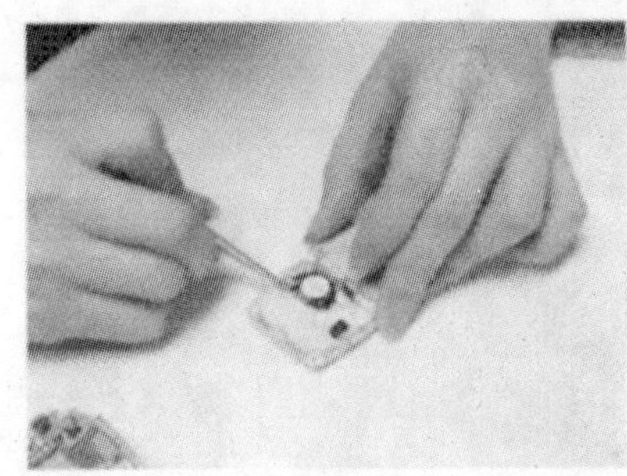
步骤3：取下振铃器

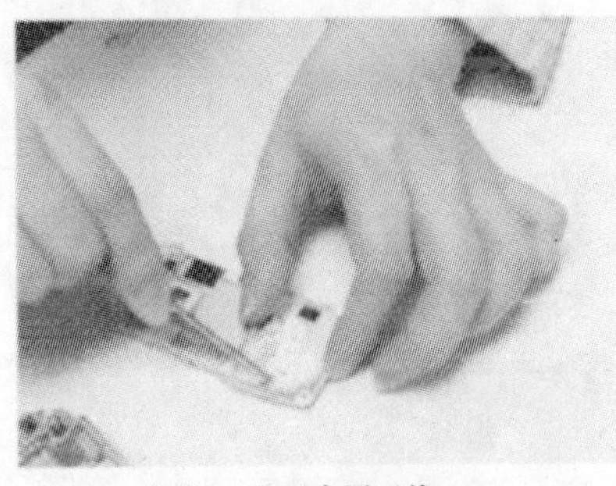
步骤4：取下内置天线

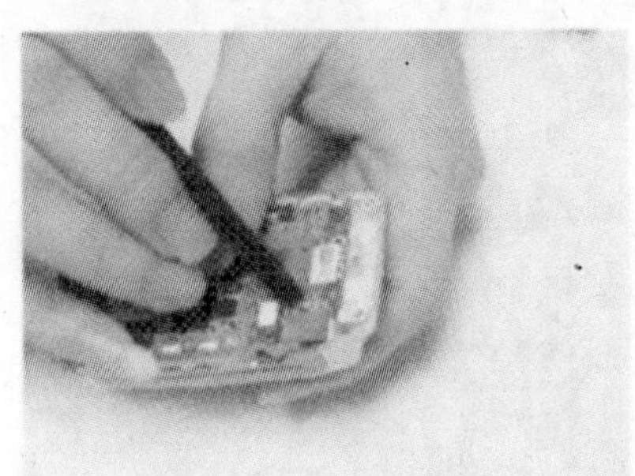
步骤5：打开软排线接口

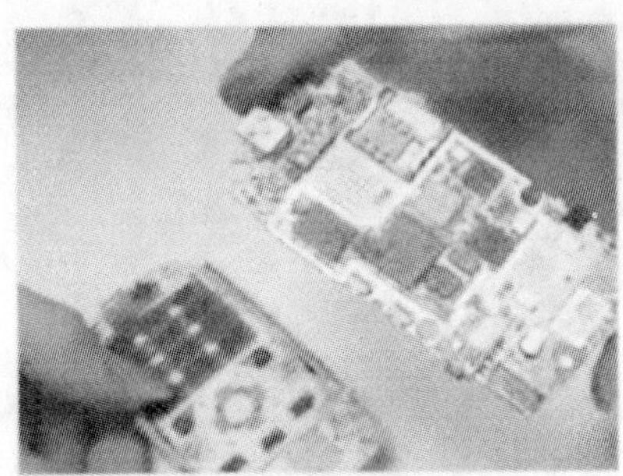
步骤6：取出主板

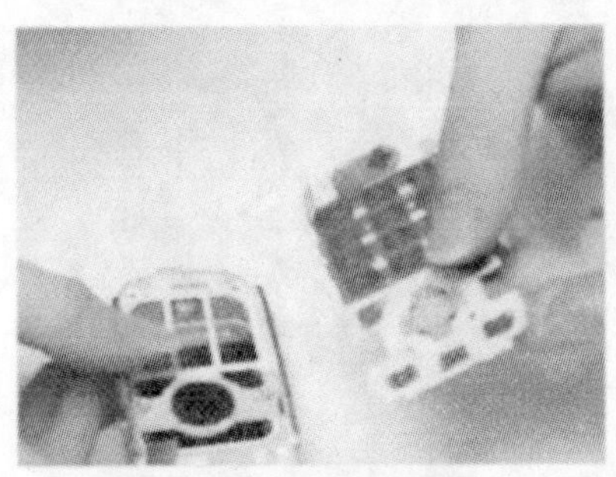
步骤7：取下键盘垫

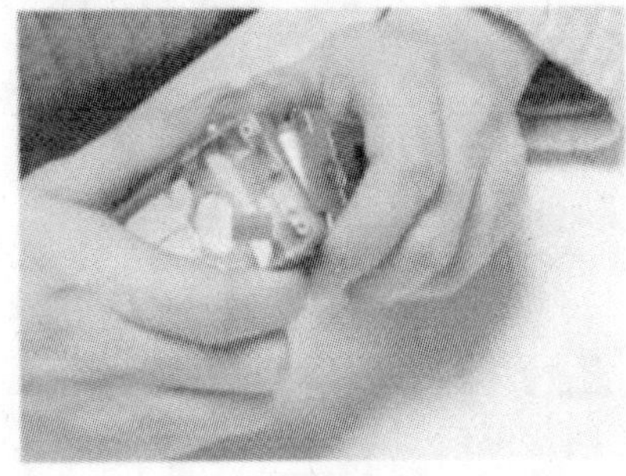
步骤8：打开翻盖接口

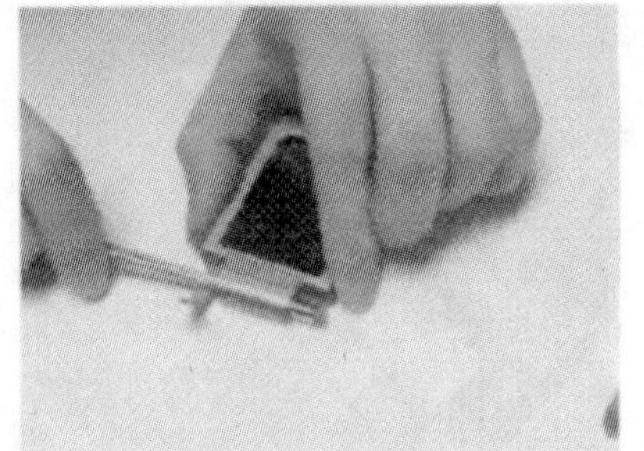
步骤9：取下翻盖转轴

图 3-4　摩托罗拉 A688 手机拆卸步骤（续）

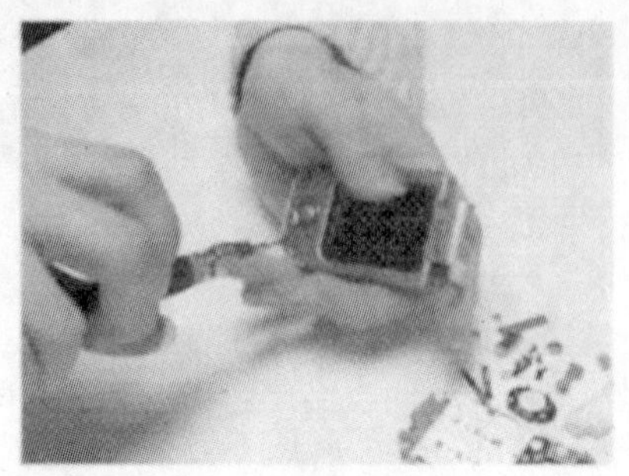
步骤10：打开翻盖螺钉

步骤11：拆开翻盖

步骤12：拆下接地锡箔

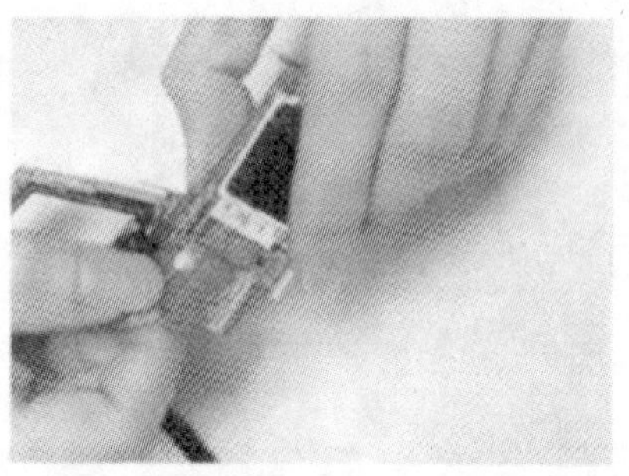
步骤13：抬起翻盖主板取下振子接口

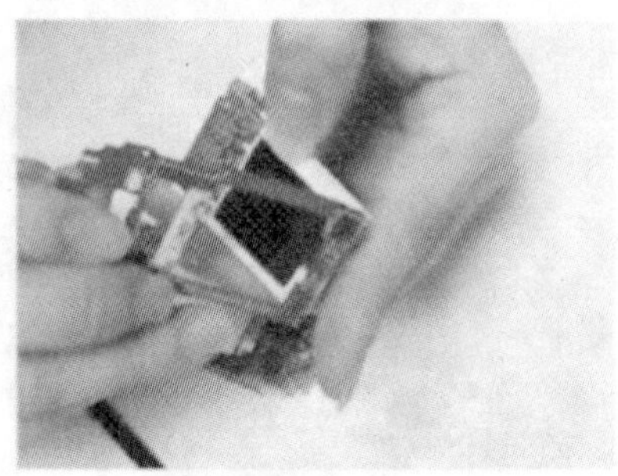
步骤14：取下主屏PCB

步骤15：取下子屏

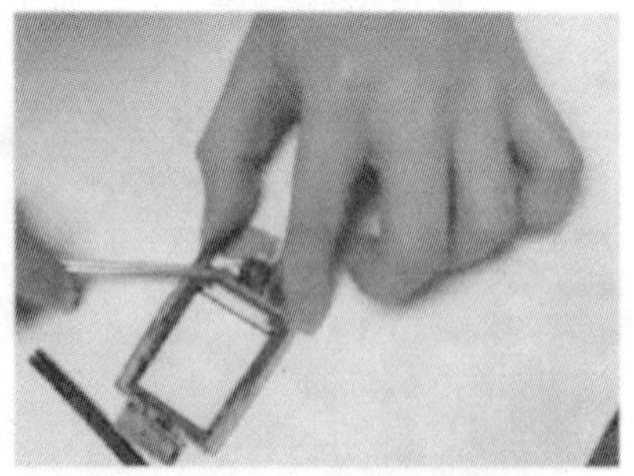
步骤16：取下振子、受话器、摄像头

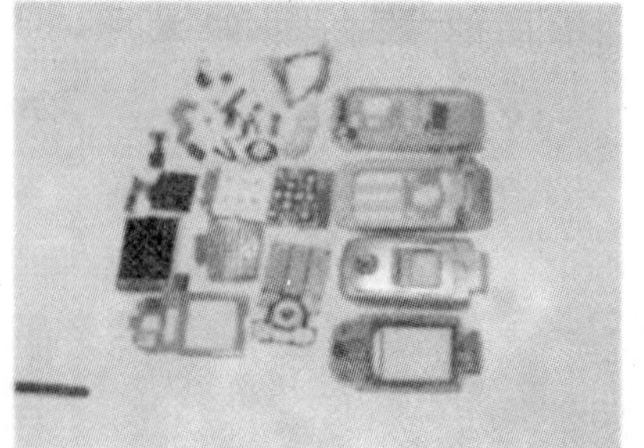
全部部件

图 3-4　摩托罗拉 A688 手机拆卸步骤（续）

以上是摩托罗拉A688手机的拆卸步骤，该款手机的装配过程可以参照拆卸过程进行。需要注意的是，在拆装前壳时要将连接手机上下翻盖的转轴压下去，同时要注意不要伤害到手机的软排线。

3.5 习题

1. 简述手机的一般拆卸步骤。
2. 手机拆装的注意事项有哪些?
3. 滑盖手机和翻盖手机在拆卸的时候有什么不同?
4. 分别找直板手机、翻盖手机、滑盖手机各一台练习拆装。

第4章　手机维修概述

学习指导

随着手机的普及，手机维修已经成为了一种职业。随着手机专业维修公司的兴起，国家出台了相应的规定，如从业人员必须具有“用户通信终端维修员”职业资格证书。本章介绍手机维修行业的一些特点以及手机“三包”的知识。

4.1　手机维修简介

手机维修行业起始于20世纪90年代，到目前为止已经发展了几十年。伴随着我国信息产业的发展，我国手机拥有量逐年上升，根据工业和信息化部2011年1月发布的统计数据，我国移动电话用户总数已达到8.7亿户。同时，由于手机属于随身携带的移动产品，出现故障的概率大，所以给手机维修行业提供了巨大的潜在市场。

与巨大的市场需求相对应，我国目前的手机维修行业并不完善。一方面，从业人员的素质参差不齐。手机产品的技术含量较高，如果不经过专门的培训，不具备专业知识，就很难胜任手机维修工作，目前市场对高技能的手机维修人员需求较大。另一方面，我国目前手机维修行业的制度规范并不健全，许多商家和维修机构欺诈客户现象时有发生，而客户由于缺少专业和法律知识，也不能够很好的维护自己的权益。这些现象都阻碍了手机维修行业的健康发展。

在充分认识到上述危害的基础上，国家相关主管机构出台了相应的制度和法规来对手机维修行业进行规范。为了明确手机故障的等级和收费标准，防止乱收费现象的发生，国家出台了《全国移动通信终端维修中心管理细则》；为了切实保护消费者的合法权益，明确移动电话机商品销售者、修理者和生产者的责任和义务，国家质量监督检验检疫总局颁布了《手机三包法》；同时，国家也对手机维修的从业者的资质提出了要求，要求手机维修从业者必须通过国家劳动部“用户通信终端（移动电话机）维修员”的职业资格鉴定，才具备上岗资格。这些国家相关法规的颁布有力地促进了手机维修行业规范健康地发展。下面将对手机维修的一些法规和制度进行说明。

4.1.1　手机维修的费用构成

为了明确手机故障的等级和收费标准，防止乱收费现象，中国邮电电信总局在《全国移动通信终端维修中心管理细则》中，对非保修期内的手机故障等级和收费标准做出了相关界定。

按照《全国移动通信终端维修中心管理细则》的规定，手机维修费用由维修人工费、维修材料费和维修测试费三方面组成。

1）维修人工费。由送修手机的维修难度决定，一般情况下最高维修人工费为150元人民币。

2）维修材料费。包括材料进价、税费和管理费，其中税费和管理费总额不得超出材料进价的25%（材料费要受市场调节）。

3）维修测试费。这项费用并不是在所有的维修过程中都要收取，只有故障等级比较高的手机修复后才必须进行检测，适当收取测试费。

需要注意的是，在为用户维修手机之前，需要向用户进行维修报价。只有先征得送修用户的同意，才能进行维修。同时，为了避免矛盾的产生，用户也可在送修时限定维修价格。

4.1.2 手机维修的级别分类

《全国移动通信终端维修中心管理细则》中将手机的故障定义为5个等级，同时规定了相应的维修人工费标准。

1）简单故障。无需工具或用简单工具就能修理的故障。如天线帽、测试盖、螺钉等，收取人工费10元或不收费。

2）Ⅰ级故障。指非电路上元器件损坏的，可直观判断以及能够进行简单功能调整的故障。如镜片、外壳、天线、键盘、电池极片、电源开关、换电路板等。

3）Ⅱ级故障。涉及简单分立元器件焊接或更换的、需用仪表进行数据调整的以及需焊接集成块的故障。如扬声器、振铃、电动机、显示屏、接插件等。

4）Ⅲ级故障。凡电阻、电容、电感、二极管、晶体管、固化器件（Oscillator 振荡器或晶振、功放）和集成芯片损坏的，或已被他人维修过，元器件被更换（被拆）或漏液、进水、漏电以及电路板上连线等故障维修。

5）不可修复故障。指电路板上元器件已损坏，已淘汰的机型，无入网许可证，整体部件破坏严重。

4.1.3 手机维修的基本流程

手机维修的基本流程如图4-1所示。

4.2 手机三包介绍

手机三包政策是指手机商品自购买之日起7天内，凭检测单位出具手机有质量问题的鉴定报告的用户，可以选择修理、更换或退货（以下称“三包”）；第8～15天，凭检测单位出具手机有质量问题鉴定报告的用户，可以选择换机或者维修；超过15天且在三包有效期内手机包修，其具体的有效期时限和适用范围在《手机三包法》做了明确的规定。

4.2.1 手机三包的执行时间

为了切实保护消费者的合法权益，明确移动电话机商品销售者、修理者和生产者的修理、更换、退货责任和义务，国家质量监督检验检疫总局质量管理司根据《中华人民共和国产品质量法》、《中华人民共和国消费者权益保护法》、《中华人民共和国电信条例》颁布了《手机三包法》，并从2001年11月15日起开始实施，该规定一共包括31条基本内容和3条相关附录。

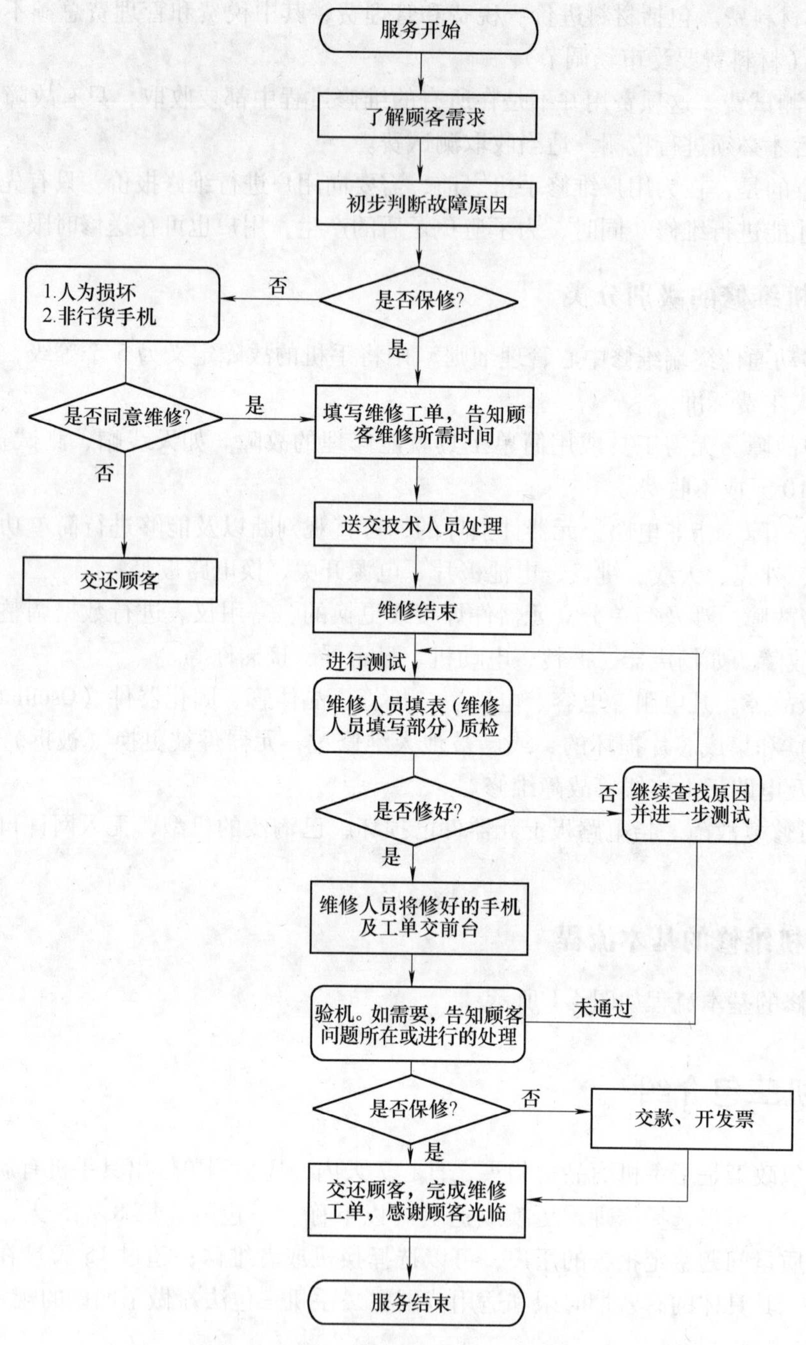

图 4-1　手机维修的基本流程

4.2.2　手机三包的主要内容

《手机三包法》涉及手机生产、销售、维修等各个环节，其中第五条对销售者应当承担的责任和义务；第六条对修理者应当承担的责任和义务；第七条对生产者（进口者视同生产者）应当承担的责任和义务都做出了详细的规定。

现将《手机三包法》主要内容作以下概述。

移动电话机三包有效期主机为一年、电池为6个月、充电器为一年、有线耳机为3个月、存储卡为一年。

在三包有效期内，消费者享受修理、更换、退货的权利。修理、换货、退货应当凭发货票和三包凭证办理。

若消费者丢失发货票和三包凭证，则依照主机机身号（IMEI串号）显示的出厂日期推算，仍在三包有效期内的，以出厂日期后的第90日为三包有效期的起始日期，销售者、修理者、生产者应当负责免费修理。

修理者应当保证修理后的移动电话机能够正常使用30日以上。

自售出之日起7日内，移动电话机主机出现性能故障的，消费者可以选择退货、换货或者修理。

自售出之日起第8日至第15日内，移动电话机主机出现性能故障的，消费者可以选择换货或者修理。

在三包有效期内，移动电话机主机出现性能故障，经两次修理仍不能正常使用的，凭三包凭证中修理者提供的修理记录，由销售者负责为消费者免费更换同型号同规格的移动电话机主机。

送修的移动电话机主机在7日内不能修好的，修理者应当免费给消费者提供备用机，待原机修好后收回备用机。

4.2.3 实行三包的手机产品

《手机三包法》中列出了实施三包的移动电话机商品目录，其内容包括了商品的类型、名称、时间和折旧率等几方面内容，如表4-1所示。

表4-1 实施三包的移动电话机商品目录

类　　型	名　　称	三包有效期/月	折旧率/%	备　　注
主机	手持移动电话机	12	0.5	
	车载移动电话机	12	0.5	
	固定台站电话机	12	0.5	
附件	电池	6		
	充电器（充电座）	12		
	外接有线耳机	3		
	数据接口卡	12		
	移动终端卡	12		

4.2.4 手机三包凭证内容

《手机三包法》详细解释了手机商品三包凭证。三包凭证是当手机商品出现质量问题时，消费者享受三包权利的凭证。应当包括下列内容：

1）手机主机及附件型号。

2）手机主机机身号（IMEI串号）、附件出厂序号或批号、进网标志扰码号。

3）商品产地。

4）销售者名称、地址、邮政编码、联系电话。

5）销售者印章。

6）发货票号码。

7）销售日期。

8）消费者姓名、地址、邮政编码、联系电话。

9）修理者名称、地址、邮政编码、联系电话。

10）维修记录。其内容包括送修日期、送修故障情况、故障原因、故障处理情况及退或换货证明、交验日期、维修人员签字等。

4.2.5 手机三包的性能故障表

《手机三包法》中的手机商品性能故障内容如表4-2所示。

表4-2 《手机三包法》中的手机商品性能故障

名　　称	性 能 故 障
主机	说明书所列功能失效
	屏幕无显示/错字/漏划
	无法开机、不能正常登录或通信
	无振铃
	拨号错误
	非正常关机
	SIM卡接触不良
	按键控制失效
	无声响、单向无声或音量不正常
	因结构或材料因素造成的外壳裂损
充电器	不工作或工作不正常、使用指定充电器无法正常充电
电池	充电后手机仍不能正常工作。判断依据为电池容量不小于80%
移动终端卡	不能正常工作
外接有线耳机	不能正常送受话
数据接口卡	不能正常工作

其中要注意的是，网络因素造成的故障除外。

4.3 手机维修从业人员的职业标准

按照我国职业资格标准规定，从事移动电话机维修工作的人员必须通过相应的职业资格鉴定，具备用户通信终端（移动电话机）维修员的职业资格。

4.3.1 职业概况

用户通信终端（移动电话机）维修员共设五个等级，分别为初级（国家职业资格五级）、中级（国家职业资格四级）、高级（国家职业资格三级）、技师（国家职业资格二级）、高级技师（国家职业资格一级）。目前，取得经劳动保障行政部门审核认定的，以中级技能为培养目标的中等以上职业学校电子专业毕业生可以直接申报中级资格取证。

4.3.2 职业基本要求

按照职业资格标准，用户通信终端（移动电话机）维修员应具备以下基本要求。

（1）职业道德要求

作为用户通信终端（移动电话机）维修员首先应当具备基本的职业道德，严格约束自己的行为。同时还应当遵守相应的职业守则，做到爱岗敬业，忠于本职工作；精通业务技术，保证服务质量；礼貌待人，尊重客户，热情服务，耐心周到；维护企业与客户的正当利益；遵守通信纪律，严守通信秘密；遵纪守法，讲求信誉，文明生产。

（2）基础知识要求

作为一个技术含量较高的行业，移动电话机维修员需要具备较强的专业知识，这些知识包括如下内容。

1）法规及企业规章制度常识。包括电信法规、保护消费者合法权益法规、用户终端维修法规、劳动法规、企业相关规章制度。

2）职业规范知识。包括移动电话机维修员岗位规范、服务规范和标准用语以及企业及客户的权利、义务、责任。

3）移动电话机维修基础知识。包括无线通信原理、电工原理、电子电路、数字电路等相关专业知识。

4）英语基础知识。包括移动通信日常服务用语和移动通信常用的专业英语。

5）计算机基本知识。包括计算机的构成及主要功能知识、计算机常用应用软件的安装及使用、计算机防病毒基础知识、数据库基础知识等。

6）移动电话机维修知识。包括移动电话机的组成及电路结构、移动电话机的工作原理、移动电话机的维修常识、相关仪器、仪表的使用和基本知识。

7）移动网通信技术知识。包括通信网络基本知识、移动通信系统基础知识、无线接口信令等。

8）其他相关知识。比如客户档案资料整理、保管规定、安全用电常识、防火防爆常识、防静电知识和资金结算及票据使用常识等。

4.3.3 用户通信终端维修人员职业标准（中级）

用户通信终端（移动电话机）维修人员的职业资格（中级）如表4-3所示。

表4-3 用户通信终端（移动电话机）维修人员的职业资格（中级）

职业功能	工作内容	技能要求	相关知识
岗前准备	（1）仪表仪容	保持仪表仪容和良好形象	仪表仪容规范知识
	（2）场地布置	1）能熟练备齐所需的维修工具及零配件 2）能合理安排工作场地	岗位规范

（续）

职业功能	工作内容	技能要求	相关知识
接待受理	（1）接待顾客	1）能接待特殊顾客，语言诚恳，解释耐心 2）能掌握移动电话机维修的业务种类 3）能对比介绍各种型号移动电话机的质量、性能、价格和操作方法 4）能正确判断常用型号移动电话机的一般故障 5）能正确受理用户的查询业务，解答顾客咨询的一般业务问题 6）能掌握一般的通信专业英文缩写及其含义	1）顾客心理行为知识 2）移动电话机编号的规定、办法 3）资费政策常识 4）移动电话机的品种、品牌及厂家概况 5）移动电话机的结构及工作原理 6）简单专业英语基础知识
	（2）故障受理	1）能指导顾客填写维修申请单据 2）能正确受理移动电话机维修各种业务 3）能检查分析并及时处理业务中的差错 4）受理时限和服务质量能达到规定要求	1）维修业务规程 2）移动通信业务常识 3）维修服务质量规定
检查处理	（1）故障处理	1）能熟练使用万用表测量分立元器件 2）能熟练使用综合测试仪测试移动电话机的常规指标 3）能处理 SIM 卡故障 4）能独立完成对移动电话机常见故障的处理 5）能正确、熟练地进行一般元器件的焊接	1）SIM 卡相关知识 2）仪器仪表使用知识 3）维修知识
	（2）维修后测试	1）能独立完成移动电话机手动部分测试 2）能独立测试移动电话机发射部分和接收部分	移动电话机电路中各部分的典型参数
日常管理	（1）计算机操作	1）能运用计算机管理系统 2）了解主要设备的功能和使用注意事项 3）能对计算机进行日常维护 4）能独立完成计算机、打印机的一般保养和清洁	1）计算机软、硬件常识 2）计算机、打印机维护须知
	（2）填写日志	1）能根据移动电话机说明书和电路图，分析、判断障碍产生的原因 2）能正确记录所维修的移动电话机障碍的全过程	语言学知识
	（3）安全生产	能及时发现事故隐患，并对事故隐患采取相应的措施	事故隐患常识及防护方法

4.4 习题

1. 手机维修的级别有哪些？它们之间是怎么区分的？
2. 简述手机维修的一般步骤。
3. 手机三包的主要内容有哪些？
4. 简述手机三包中的性能故障。
5. 简述手机维修员的基本要求。

第2篇　手机维修基础

第5章　手机常用元器件

学习指导

元器件是手机电路中必不可少的部分，手机中的基本元器件包括电阻、电容、电感、晶体管、集成电路等，还有一些特殊元器件，包括键盘、显示屏、触摸板、摄像头、接口、排线、天线、受话器、送话器振铃、振子等。为了能够看懂手机的电路图，能够对手机进行维修，本章介绍手机元器件的原理、特点以及检测方法等。

5.1　常用元器件

5.1.1　基本元器件

1. 电阻

电阻在电路图中常用 R 来表示，它是耗能元件，对电流起阻碍作用，在手机电路中用其分压特性给电路各部分提供相应的工作电压，它还与电容一起组成 RC 滤波电路，在信号通路中对信号进行衰减。电阻的基本单位是欧姆（Ω），其电路符号如图 5-1a 所示。常用的电阻有色环电阻和贴片电阻。图 5-1b 所示是贴片电阻实物图。

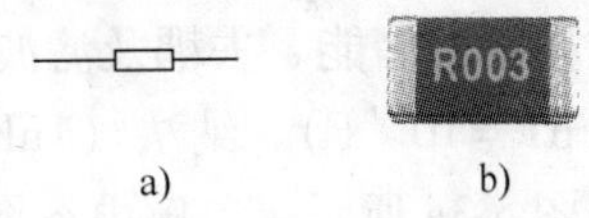

图 5-1　电阻的电路符号和贴片电阻实物图

a）电阻的电路符号

b）贴片电阻实物图

（1）电阻的识别

手机中的电阻呈片状矩形，一般中间为黑色，两端为银白色（焊盘）。电阻的封装形式通常有英制和公制两种表示方法，如表 5-1 所示。

表 5-1　典型 SMC（表面贴装无源器件）系列的外形尺寸　（单位：mm/in）

公制/英制	长	宽	公制/英制	长	宽
3216/1206	3.2/0.12	1.6/0.06	1005/0402	1.0/0.04	0.5/0.02
2012/0805	2.0/0.08	1.25/0.05	0603/0201	0.6/0.02	0.3/0.01
1608/0603	1.6/0.08	0.8/0.03			

手机中的电阻大多未标出阻值，个别个头稍大的电阻在其表面，用三位数表示出了阻值的大小，即前两位数是有效数字，第三位数是 10 的指数。例如，在电阻器表面印有 102，

即表示阻值 $10 \times 10^2 = 1000\Omega$；表面印有 5R6，即表示阻值为 5.6Ω；表面印有 R003，表示阻值为 0.003Ω；表面印有 0，表示阻值为 0Ω，常用做跨接电阻。

（2）特殊电阻

在手机中除普通电阻外，还会用到一些特殊电阻。

1）贴片排列电阻。简称排阻，如图 5-2a 所示。手机电路中的电阻，大部分是独立的，也有双排、四排等组合电阻，排阻的阻值大小通常相同。

2）跨接电阻。如图 5-2b 所示。一般为 0Ω 阻值，可串接在电路中，方便测量电路的电流等数值。

图 5-2　特殊电阻
a）排阻　b）跨接电阻　c）热敏电阻　d）压敏电阻

3）热敏电阻。如图 5-2c 所示。其阻值随着温度的变化而变化，常用于电池温度检测电路。

4）压敏电阻。如图 5-2d 所示。当连接压敏电阻的电路电压超过压敏电阻的额定值时，其阻值会瞬间变小，使电流从压敏电阻流过而不流入系统中，从而让系统得到安全保护，常用在手机的键盘、尾插和相机闪光灯等电路中。

（3）电阻的检测

1）直接观察法。仔细查看电阻的外观，如果发现其受损、变形或烧焦变色，则说明电阻已经损坏。观察法对电容、电感等元件均适用。

2）测量法。使用万用表的欧姆档测量电阻的阻值，如果与电路图所给的参数不符，则说明电阻已经损坏。

2. 电容器

电容器是储能元件，具有通交流、隔直流、通高频信号、阻低频信号的特性，在电路中主要用做储能、去耦及滤波。在电路图中以 C 来表示，基本单位是法拉（F），但常用微法（$1\mu F = 10^{-6}F$）、纳法（$1nF = 10^{-9}F$）、皮法（$1pF = 10^{-12}F$）作为单位。普通电容图形符号如图 5-3a 所示。电解电容图形符号如图 5-3b 所示。

（1）电容的识别

1）普通无极性电容。其封装与电阻相同，外表通常是咖啡色、米色或灰白色，单个电容如图 5-3c 所示，排容如图 5-3d 所示。此种电容焊接时不分方向，有的在表面标注 3 位数字表示容量大小，表示方法也与电阻一样，只不过单位为 pF。例如，102 表示 $10 \times 10^2 = 1000pF$，1p5 表示 1.5pF。

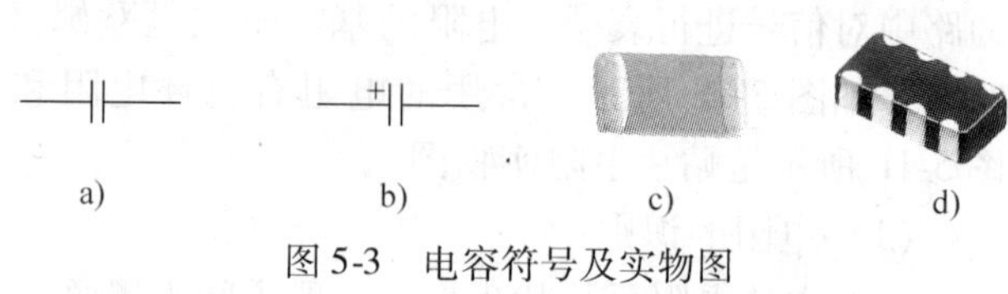

图 5-3　电容符号及实物图
a）普通电容图形符号　b）电解电容图形符号
c）普通电容实物图　d）排容实物图

2）电解电容。有正、负极之分，安装时不要装反。在贴片元件中常用的有钽电解电容和铝电解电容。钽电解电容呈片状矩形，外表通常是黄色或黑色，有深棕色或白色一端为正极。铝电解电容做成贴片形式比较困难，一般是异型结构，带标记的一端为负极，如图 5-4 所示。

（2）电容的检测

检测电容要用电容表，但在手机维修中常用指针式万用表方便、直观的检测电容是否漏

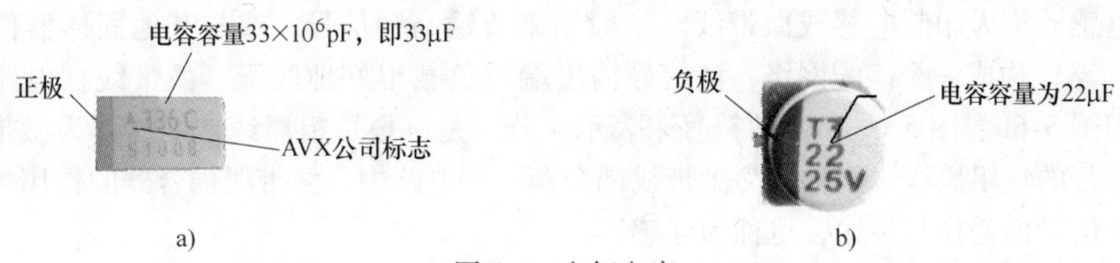

图 5-4 电解电容

a）钽电解电容 b）铝电解电容

电、内部短路或击穿。

1）普通电容的检测。在检测时，使用万用表的欧姆档 $R\times10\text{k}\Omega$ 档或 $R\times1\text{k}\Omega$ 档。由于普通电容容量都比较小，一般在 1μF 以下，很难看到其充放电的过程，因此测量时，用两表笔分别任意接电容的两个引脚，阻值应为无穷大；若测出阻值为零，则说明电容漏电损坏或内部击穿。

2）电解电容的检测。电解电容的容量较普通电容大得多，因此检测时，应针对不同容量选用合适的量程。一般情况下，1～47μF 间的电容，可用 $R\times1\text{k}\Omega$ 档测量，大于 47μF 的电容可用 $R\times100\text{k}\Omega$ 档测量。将万用表红表笔接负极，黑表笔接正极，在刚接触的瞬间，万用表指针即向右偏转较大偏度（对于同一电阻档，容量越大，摆幅越大），接着逐渐向左回转，直到停在某一位置。此时的阻值便是电解电容的正向漏电阻，此值略大于反向漏电阻。电解电容的漏电阻一般应在几百千欧以上，否则，将不能正常工作。在测试中，若正向、反向均无充电的现象，即表针不动，则说明容量消失或内部断路；若所测阻值很小或为零，则说明电容漏电大或已击穿损坏，不能再使用。

对于正、负极标志不明的电解电容，可利用上述测量漏电阻的方法加以判别，即先任意测一下漏电阻，记住其大小，然后交换表笔再测出一个阻值。在两次测量中阻值大的那一次表笔接法便是正向接法，即黑表笔接的是正极，红表笔接的是负极。

3. 电感器

电感器也是储能元器件，不过它以磁的形式储存磁能。电感器是由互相绝缘的导线绕制而成的线圈，特性与电容器正好相反，具有通直流、隔交流、通低频信号、阻高频信号的特性。电感器在电路中的基本用途有扼流、退耦、滤波、调谐、延迟、补偿等，另外还经常与电容器一起构成 LC 滤波器、LC 振荡器等。在电路图中常用 L 表示，单位是亨利（H），在实际中常用毫亨（$1\text{mH}=10^{-3}\text{H}$）、微亨（$1\mu\text{H}=10^{-6}\text{H}$）表示。电感图形符号与实物图如图 5-5所示。

（1）电感的识别

电感的种类很多，手机中常用的是片式电感，有绕线式和叠层式，其封装与电阻的封装相同，有 0402、0603、0805 等形式。在手机电路中，电感的数量很多，有的可以从外观上区分，例如有的外表是白色、浅蓝色、绿色；有的与电阻、电容类似，可以通过识图和测量的方法将其区分。另外，还有两种比较特殊的电感元件。

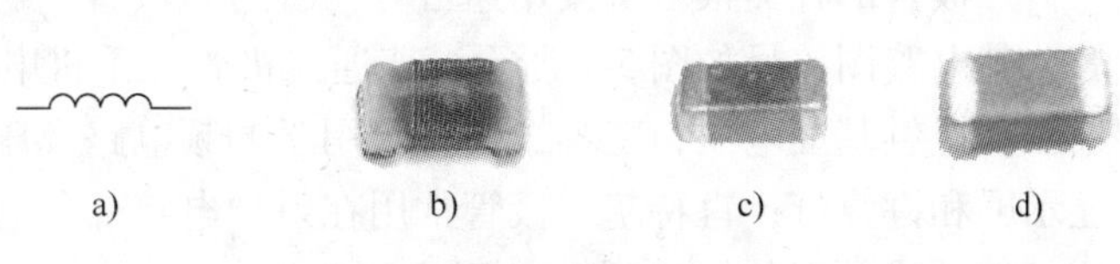

图 5-5 电感符号及实物图

a）电感图形符号 b）绕线电感 c）叠层电感 d）片式磁珠

1）微带线。在手机印制电路板上，一段特殊形状的铜线也可以构成一个电感器，通常把这种电感器称为印制电感或微带线。一般用来传输高频信号，或与其他固体器件（如电感、电容等）构成一个匹配网络，使信号输出端与负载很好地匹配。微带线在电路原理图中通常用图 5-6b、图 5-6c 所示的符号来表示，若只是一根短粗黑线，则称其为微带线；若是两根平行的短粗黑线，则称其为微带线耦合器。在电路中，微带线耦合器的作用类似变压器，用于信号的变换与传输，也称为互感器。

2）片式磁珠。磁珠由软磁铁氧体材料组成，这种材料的特点是高频损耗非常大，能够抑制电磁干扰。在手机上常用片式磁珠，如图 5-5d 所示。一般用在射频电路、振荡电路、时钟电路、电源等电路中，用来消除不需要的电磁噪声。磁珠是能量转换（消耗）器件，而电感是储能元件。电感多用于电源滤波回路，侧重于抑制传导性干扰；磁珠多用于信号回路，主要用于抑制电磁噪声。

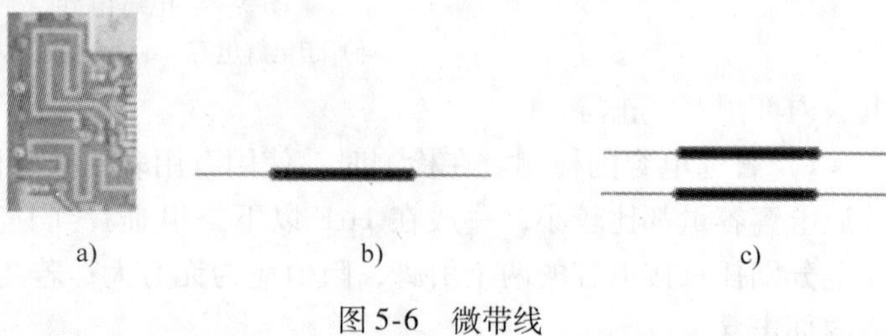

图 5-6　微带线

a）微带线　b）微带线符号　c）微带耦合器符号

（2）电感的检测

1）使用指针式万用表检测。普通的指针式万用表不具备专门测试电感器的档位，因此只能大致测量电感器的好坏：用指针式万用表的 $R\times1\Omega$ 档测量电感器的阻值，若测其电阻值极小（一般为零），则说明电感器基本正常；若测量电阻为∞，则说明电感器已经开路损坏。对于具有金属外壳的电感器（如中周），若检测振荡线圈的外壳（屏蔽罩）与各引脚之间的阻值不是∞，而是有一定电阻值或为零，则说明该电感器存在问题。

2）使用数字万用表检测。将数字万用表量程开关拨至合适的电感档位，然后将电感器两个引脚与两个表笔相连，即可从显示屏上显示出该电感器的电感量。若显示的电感量与标称值相近，则说明该电感器正常；若显示的电感量与标称值相差很多，则说明该电感器有问题。

在检测电感器时，数字万用表的量程选择很重要，要选择接近标称电感量的量程去测量，否则，测试的结果与实际值会有很大的误差。

4. 半导体二极管

半导体二极管具有单向导电性，在电路图中通常用 CR 或 D 表示。

二极管的种类很多，按用途可分为普通二极管、稳压二极管、发光二极管、变容二极管等，其电路图符号如图 5-7 所示。普通二极管在手机电路中多用于开关；稳压二极管多用来稳压和提供基准电压；变容二极管多用于调频电路及压控振荡器电路；发光二极管主要用于显示屏和键盘灯；肖特基二极管常用在射频电路部分的自动功率控制电路中；红外线二极管用于红外线数据传输；瞬态电压抑制二极管用于手机接口电路中，以防止外界传入的高压脉冲损害手机。

普通二极管一般为黑色，一端有白色竖条，代表该端为负极，在安装时不要接反。手机中常用的是双二极管封装，有 3

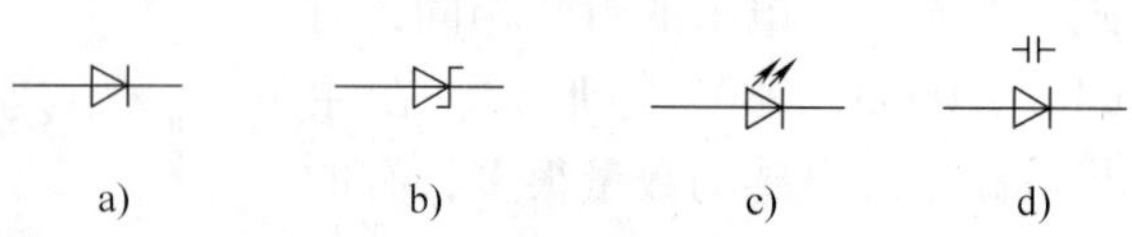

图 5-7　二极管电路图符号

a）普通二极管　b）稳压二极管

c）发光二极管　d）变容二极管

个或4个引脚，如图5-8所示。

二极管的极性检测。使用指针式万用表 $R\times100\Omega$ 或 $R\times1\text{k}\Omega$ 档，分别测二极管的正反相电阻，较大值为反向电阻，此时，黑表笔连接的是二极管的负极。

二极管的好坏检测。根据万用表测得的正反相电阻，可判定二极管的好坏。正向电阻越小，反向电阻越大，表明二极管质量越好，反之越差。如果正反向电阻均趋于0，就表明二极管击穿损坏；如果正反向电阻均趋于无穷大，就表明二极管开路损坏。

a)　b)

图5-8　二极管实物图

a）普通二极管　b）双二极管

5. 半导体晶体管

在手机中，晶体管一般为黑色，有NPN和PNP两种类型。单管封装的一般有3个引脚，多管封装的有4个以上的引脚。以晶体管为核心构成的放大电路、开关电路、振荡电路、混频电路、滤波电路以及耦合电路被广泛地应用于手机电路中。晶体管的电路符号与实物图如图5-9所示。

晶体管的极性检测。首先判断基极和管型。用指针式万用表 $R\times1\text{k}\Omega$ 或 $R\times100\Omega$ 档，分别测量晶体管的任意两个引脚的正反向电阻。若测得某一电极对另外两个电极的正向电阻均小，反向电阻均大，则该电极为基极，且管型为NPN；若测得某一电极对另外两个电极的正向电阻均大，反向电阻均小，则该电极为基极，且管型为PNP。

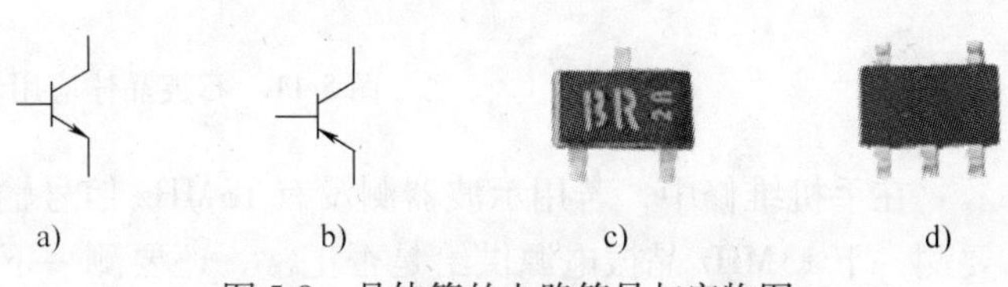

a)　b)　c)　d)

图5-9　晶体管的电路符号与实物图

a）NPN型符号　b）PNP型符号　c）晶体管实物图　d）双晶体管实物图

其次，判断集电极C和发射极E。用指针式万用表的黑表笔接假设的集电极C，红表笔接假设的发射极E，然后用一个大电阻（100kΩ左右）接基极和假设的集电极，若偏转较大，则说明原假设正确；若偏转很小，则说明原假设不正确。

晶体管好坏的判别。分别测量晶体管每两个引脚之间的正反向电阻，如果是好的，它们之间的正反向阻值就会相差很大（一般一个阻值为无穷大，另一个阻值为几百kΩ）；如果是坏的，它们的正反向阻值就会相差很小（正反向阻值都为0或是相等），就说明晶体管击穿了。

另外，场效应晶体管的外形和作用与晶体管极其相似，只有借助原理图与印制电路版图对照才能识别。

6. 晶体振荡器

晶体振荡器是手机中不可缺少的器件，能够产生原始的时钟频率，一般用于基准频率时钟电路和实时时钟电路。

（1）基准频率时钟电路

当晶振用做基准时钟电路时，用于产生系统主时钟信号和锁相环的基准频率，供给手机逻辑电路和用做频率合成电路的基准时钟。整个手机系统在时钟的同步下完成各种操作，它的正常工作为手机系统正常开机和正常工作提供了必要条件。如果晶振损坏，手机则出现不能开机的故障。

手机系统时钟频率一般为13MHz，有的手机（如摩托罗拉V998）由晶振产生26MHz信号再分频得到 13MHz 信号。但是也有其他频率的手机系统时钟，如三星手机 A188 采用的是 19. 50MHz 再分频得到 3. 90MHz，以此作为主时钟信号；CDMA 手机采用 19. 68MHz 作为主时钟信号，如三星 A399。

手机基准频率时钟的产生可分为两大类，一类为采用谐振频率为 13MHz（或 26MHz 等）的石英晶体振荡器，它仅是一个元器件，与外围元器件及中频模块内的部分电路一起构成一个完整的振荡电路。该晶振靠近中频模块，一般将信号经中频模块处理后才将基准频率信号送到频率合成电路和逻辑电路。13MHz 晶振实物图如图 5-10 所示。图 5-11 所示为石英晶体应用示意图。

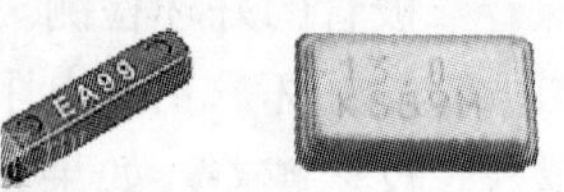

图 5-10　13MHz 晶振实物图

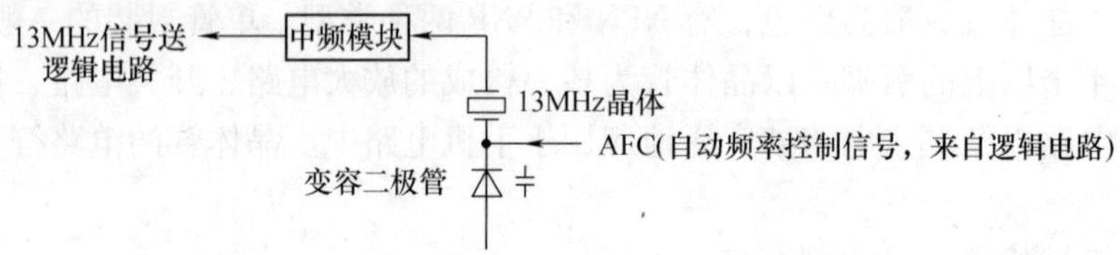

图 5-11　石英晶体应用示意图

在手机维修中，若用示波器测没有 13MHz 信号输出，则不要立即更换 13MHz 晶振，而要测一下 13MHz 晶振电源供给是否正常，还要测一下 AFC（自动频率控制）电压是否正常。一般手机不开机，测量 AFC 应有 0. 6 ~ 0. 8V 左右电压，开机后约有 1. 4V 跳变电压。如果电源供给和 AFC 信号都正常，则再去检查 13MHz 晶振的好坏。晶振的好坏无法用万用表检测，可用代换法，在代换时要注意使用相同机型晶体，以保证引脚匹配。

另一类基准频率时钟的产生采用电压控制（压控）振荡器（VCO）组件形式（摩托罗拉 V998 手机发射 VCO 组件实物图如图 5-12 所示），采用 SOP（Small Out-Line Package 小外形封装）封装，如诺基亚和三星等品牌手机的基准频率时钟电路，就是由一个 VCO 组件构成一个独立的电路。13MHz VCO 组件有 4 个端口，即输出端、电源端、AFC 控制端及接地端。判断 VCO 组件端口的方法是：接地端对地电阻为 0，电源端的电压与该机的射频电压很接近；用示波器测另外两个端口，有频率时钟信号输出的就是输出端；控制端的电压通常在电源端电压的 1/2 左右，端口一般接有电阻、电容或电感元件。图 5-13 所示的为 13MHz 的 VCO 组件应用示意图。

图 5-12　摩托罗拉 V998 手机发射 VCO 组件实物图

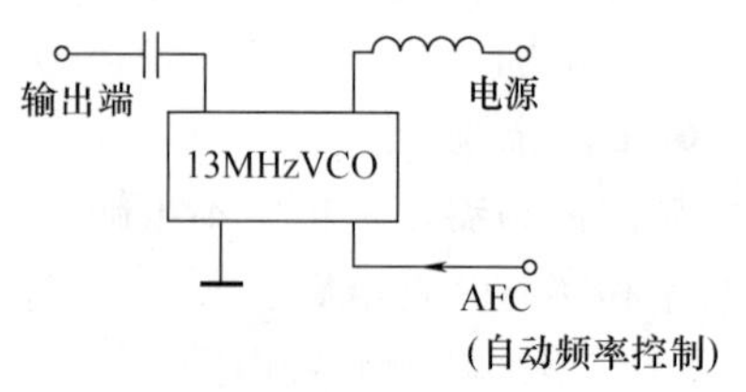

图 5-13　13MHz 的 VCO 组件应用示意图

（2）实时时钟电路

实时时钟电路在手机中主要产生实时时钟信号，该信号被用于时间显示电路，还被用于手机的电源电路、蓝牙电路及摄像头电路。如果该信号不正常，就会导致手机没有时间显示、入网难、不能开机、待机不正常、死机等故障。

该信号通常由一个 32.768kHz 的晶振产生，在该类晶振的表面，有的标有 32.768J 的字样。实时时钟晶体实物图如图 5-14 所示。它在手机电路图中的符号通常用晶振的图形符号加标注来表示，如 32.768J、SLEEPCLK 等。

图 5-14　实时时钟晶体实物图

7. 滤波器

滤波器是一种选频器件，它允许输入信号中的特定频率信号通过，同时抑制或极大的衰减其他频率信号。在手机中常用的是无源滤波器，按照其材料的不同可以将其分为声表面滤波器、晶体滤波器、陶瓷滤波器和 LC 滤波器。其中前 3 种容易集成和小型化，频率固定，不需要调谐，常见于手机的射频滤波、中频滤波等。LC 滤波器损耗小，但不容易集成，因此在手机电路中仅作为辅助滤波器。滤波器实物图如图 5-15 所示。

滤波器按其选频特性可分为低通（LPF）、高通（HPF）、带通（BPF）、带阻（BEF）4 种类型。低通滤波器在手机中主要用在低频信号部分，用于削弱高次谐波或频率较高的干扰和噪声；高通滤波器主要用在高频信号部分，用于削弱低频或直流分量的场合；带通滤波器主要用来滤出有用的频段信号，滤掉其余频段的信号或干扰和噪声；带阻滤波器主要用来抑制干扰。

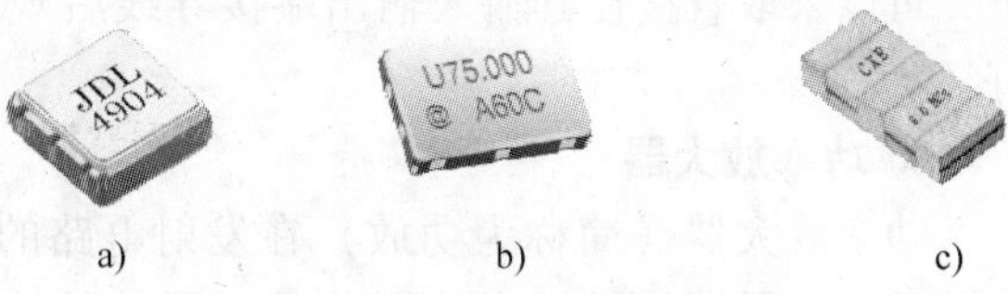

a)　　b)　　c)

图 5-15　滤波器实物图

a）声表面滤波器　b）晶体滤波器　c）陶瓷滤波器

滤波器按在手机中的功能分类可分为双工滤波器、中频滤波器、射频滤波器、本振滤波器和低频滤波器等。

（1）双工滤波器

GSM 手机既可以用双工滤波器来分离发射、接收信号，又可以用天线开关电路来分离发射、接收电路。双工滤波器通常由一个发射带通滤波器和一个接收带通滤波器复合而成，在天线电路形成两个单向通道，使发射信号和接收信号分离。

双工滤波器也称收发合成器、合路器等，表面一般有“TX/RX”及“ANT”字样。V998 收发合路器实物图如图 5-16 所示。

图 5-16　V998 收发合路器实物图

（2）中频滤波器

中频滤波器在手机电路中非常重要，对接收机的性能影响很大。不同的手机，中频滤波器可能不一样，但都是带通滤波器。通常接收电路的第一混频器后面的第一中频滤波器较大，第二中频滤波器则较小。如一部手机的接收电路有两个中频，则第二中频滤波器通常对接收电路的性能影响更大，其损坏会造成手机无接收、接收差等故障。V998 中频滤波器实物图如图 5-17 所示。

图 5-17　V998 中频滤波器实物图

（3）射频滤波器

射频滤波器通常用在手机接收电路的低噪声放大器、天线输入电路及发射机输出电路部分。它是一个带通滤波器，接收电路射频滤波器只允许接收频段的信号通过；发射电路射频滤波器只允许发射频段的信号通过。射频滤波器还有很多，采用不同的形状或材料，但所起的作用是一样的。V998 射频滤波器实物图如图 5-18 所示。

在手机电路中，滤波器采用 SON 封装，引脚是在元器件的下面，因此容易虚焊或接触不良，导致手机不能正常接收信号或信号变差。摔过的手机或进水的手机也容易使滤波器接触不良或性能变差。对于这类故障的手机，如用热风枪吹焊一下接收/发射电路的滤波器，故障就能排除。

图 5-18　V998 射频滤波器实物图

另外，在实际维修中，损坏的滤波器可以用导线在其信号输入和输出端串接电容的方法来代替。但这种方法会使电路有许多散波，手机不能完全正常工作，一般只在应急维修情况下采用。射频滤波器用 10 ~ 30pF 电容代替；一中频滤波器用 1000pF 电容代替，二中频滤波器用 0.01μF 代替。

滤波器的好坏不能用万用表直接判断，在没有频谱仪测其输入输出信号正常与否的情况下，可以采取直接在其输入输出端接导线后观察手机有无信号的简易方法来判断滤波器的好坏。

8. 功率放大器

功率放大器（简称为功放）在发射电路的末级，它是很多手机检修的重点。早期的手机多使用分离元器件的功放，目前多使用功放组件或集成电路。功放组件一般有两大类封装形式，一种是 SON 封装的功放组件，如三星系列手机功放；另一种是双列扁平封装的功放组件，大部分双频手机都把 GSM 和 DCS 功放放在一起（也有分开的）。V998 功放实物图如图 5-19 所示。

图 5-19　V998 功放实物图

在手机电路中，功放一般用“Pin”、“Pout”、“Vapc”和“PWRLEV”、“RF”等标注。手机功放的功耗较大，较易损坏，发生故障后会导致手机不发射或发射关机。

5.1.2　特殊元器件

1. 受话器

受话器是一个电声转换器件，它将模拟的话音电信号转化成声波。受话器又称为扬声器。受话器通常用字母 SPK、SPEAKER 及 EAR 和 EARPHONE 等表示。一般的受话器在工作时是利用电感的电磁作用原理，即在一个放于永久磁场中的线圈中，以声音的电信号使线圈中产生相互作用力，依靠这个作用力来带动受话器的盆膜震动发声。放在永久磁场中的这个线圈就称为音圈。

另外，还有一种高压静电式受话器，它是通过在两个靠得很近的导电薄膜之间加上高话音电信号，使这两个导电薄膜由于电场力的作用而发生振动，来推动周围的空气振动，从而发出声音。这种受话器目前在手机中使用越来越多。图 5-20 所示为受话器实物图。

对于受话器的好坏可以利用万用表进行简单的判断。一般受话器有一个直流电阻，而且电阻值一般在几十欧，如果直流电阻明显变得很小或很大，就需更换受话器。

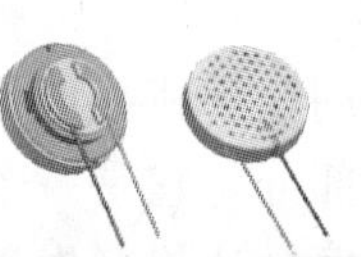
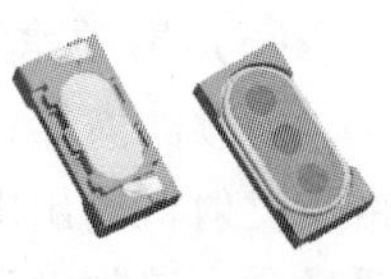

图 5-20　受话器实物图

2. 送话器

送话器是用来将声音转换为电信号的一种器件，它将话音信号转化为模拟的话音电信号。送话器用字母 MIC 或 Microphone 表示。其实物图如图 5-21 所示。

在手机电路中使用较多地是驻极体送话器，驻极体送话器实际上是利用一个驻有永久电荷的薄膜（驻极体）和一个金属片构成一个电容器。当薄膜感受到声音而振动时，这个电容器的容量会随着声音的震动而改变，但是驻极体上面的电荷量是不能改变的，所以这个电容两端就产生了随声音变化的信号电压。驻极体送话器的阻抗很高，可达 100MΩ。

a)　　　　b)

图 5-21　送话器实物图

a）二端式驻极体送话器　b）三端式送话器

送话器有正负极之分，在维修时应注意，如极性接反，则送话器不能输出信号。另外，送话器在工作时还需要为其提供偏压，否则，也会出现不能送话的故障。简单判断受话器是否损坏的方法是，将数字万用表的红表笔接在送话器的正极，黑表笔接在送话器的负极（如用指针式万用表则相反），对着送话器说话，应可以看到万用表的读数发生变化或指针摆动，否则说明送话器损坏。

3. 振铃器

手机的振铃（也称为蜂鸣器）一般是一个动圈式小喇叭，这也是一种电声器件，其电阻在十几欧到几十欧。手机的按键音一般是由振铃发出的，一些维修人员存在误区，认为手机的按键音是由受话器发出的。振铃一般用字母 BUZZ 表示。图 5-22 所示为振铃器实物图。

图 5-22　振铃器实物图

4. 开关元器件

开关、干簧管和霍尔元器件都是开关元器件，是用来控制电路通断的器件。它们的不同点是，开关一般是人工手动操作的，而干簧管和霍尔元器件则是通过磁信号来控制线路的通和断。

（1）薄膜按键开关

在手机中使用的常开式开关通常是薄膜按键开关，它由触点和触片组成。按键其中的各触点不与触片接触，当按下按键时，触片同时与两个触点接触，使两个触点所连接的线路接通。在手机上，薄膜按键开关在机板上通常由铜皮制成，然后用金属的按键薄片来完成这种开关的连接。手机薄膜按键开关实物图如图 5-23 所示。

在手机电路中，开关通常用字母 SW 表示，电源开关又经常使用 ON/OFF 或 PWRON 等字母来表示。另外，诺基亚 8810、8210、8850 等滑盖式手机，在电路板上有一个用于挂机的开关，如要挂机，就将滑盖推上，滑盖压迫挂机开关导致其中的开关两点相通，从而起到了挂机的作用。

图 5-23　手机薄膜按键开关实物图

（2）干簧管

干簧管是利用磁场信号来控制电路的一种开关器件，是磁控机械式开关。干簧管的外壳一般是一根密封的玻璃管，在玻璃管中装有两个铁质的弹性簧片电极，还充有某种惰性气体。当遇到外加磁场时，两个电极分开或闭合，从而使电路断开或接通。在滑盖手机或翻盖手机中，一般将一块磁铁放在翻盖（或滑盖）上，用它来控制电极的分开与闭合，因此干簧管又称磁控管。干簧管结构示意图及实物图如图 5-24 所示。

干簧管本身是一种玻璃管，而玻璃易碎，所以干簧管很容易损坏，特别是摔过的手机尤其如此，当干簧管损坏时，手机会出现一些很复杂的故障，如部分或全部按键失灵、开机困难、不显示等。因此，在检修手机开机困难、按键失灵、不显示等故障时，先要对干簧管进行检查。

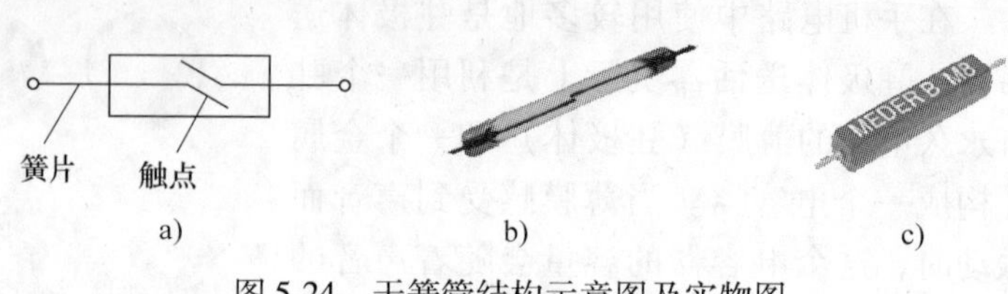

a)　　b)　　c)

图 5-24　干簧管结构示意图及实物图
a）干簧管结构示意图　b）普通干簧管　c）贴片式干簧管

（3）霍尔元器件

霍尔元器件作用与干簧管一样，工作原理非常相似，都是在磁场作用下直接产生通与断的动作，但霍尔元器件是磁控电子开关。霍尔元器件比干簧管的开关速度快，使用寿命长，不易损坏，且对振动、加速度不敏感。霍尔传感器是一种电子元器件，其外形封装很像晶体管，但引脚宽度大。它由霍尔元器件、放大器、施密特电路及集电极开路输出晶体管组成。当磁场作用于霍尔元器件时，产生一微小的电压，经放大器放大及施密特电路后使晶体管导通输出低电平；当无磁场作用时，晶体管截止，输出为高电平。霍尔元器件实物图如图 5-25 所示。

图 5-25　霍尔元器件实物图

5. 键盘

手机中的按键键盘就是由前边所讲的薄膜按键开关按一定顺序排列组成的。它采用矩阵动态扫描方式，通过扫描行线（ROW）或者列线（COL）得到高低电平信号来识别按键。按键在手机电路图中通常以 SW 标示。

6. 振动器

振动器就是电动机，又称为振子。在手机电路中，振动器用于来电提示、信息提醒等。振动器在手机电路图中通常用 VIB 或 Vibrator 表示。手机振动器实物图如图 5-26 所示。

7. 接口部件

在手机中，许多电路、部件都需要接插件来连接，它提供了简便的插拔式电气连接，为组装、维护手机提供了方便，用于手机内各部分电路和各部件之间的连接以及与外部设备的连接。接插件的形式很多，包括连接器、排线座、内联插座、插头座等。例如，手机的按键板与主板的连接、显示屏与主板的连接、手机底部连接器与外部设备的连接，均由接口部件来实现。

a)　　b)

图 5-26　手机振动器实物图
a）纽扣状振动器　b）柱状振动器

接口部件形式很多，常见的硬件接口如下。

1）插座式。一种是插头插座方式，多用于振子、振铃、尾插充电、内联座、与外部设备连接等，另一种是将显示屏的排线固定在排线座内的方式。

2）触摸按键式。手机的键盘按键操作。

3）簧片式。利用簧片的弹性与线路板接触，达到接通电路的目的。如多种手机的天线与主板的连接、手机的 SIM 卡、受话器、送话器、SIM 卡座、振子等。

4）导电橡胶。专用的连接介质，多用于主板与显示屏的连接。

5）焊接式。显示屏排线的连接和某些器件的连接。

图 5-27 所示为各种形式的接口部件实物图。

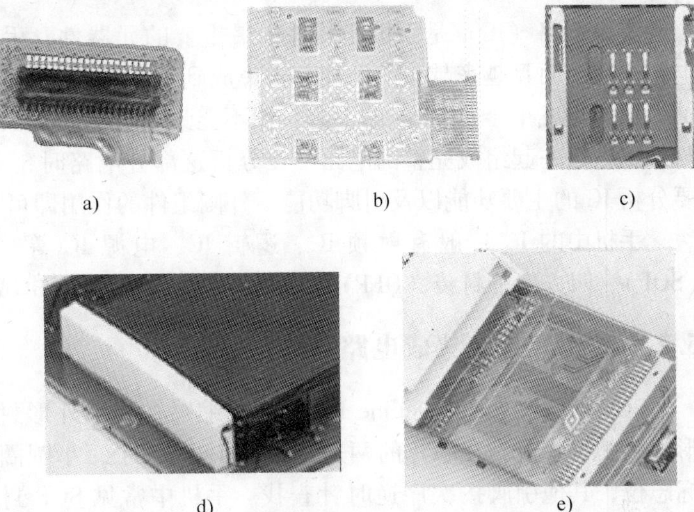

图 5-27　各种形式的接口部件实物图

a）内联插座　b）手机按键板　c）SIM 卡座

d）白色导电橡胶　e）焊接式接口

8. 天线

手机天线既是接收机天线又是发射机天线。在电路图上天线通常用字母“ANT”表示。由于手机工作在 900MHz 或 1800MHz 的高频段上，所以天线可以做得很小，常见的有内置式和外置式。随着手机小型化的发展，一些手机的天线通过巧妙的设计，变得与传统的天线大不一样。例如，诺基亚双频手机 3310 的天线，它看起来只是机壳上的一些金属镀膜。手机天线实物如图 5-28 所示。

在手机维修过程中，若发现天线损坏，则应选用原装天线，不可随意用其他手机的天线进行代换，不是因为其他天线增益低，会引起手机信号差，而是因为天线是手机高频电路的匹配负载，如果代换不合适，将会造成电路不匹配，增大电路的功率损耗，烧坏高频元器件，如功放、滤波器等，还会造成手机耗电快、发热等故障。

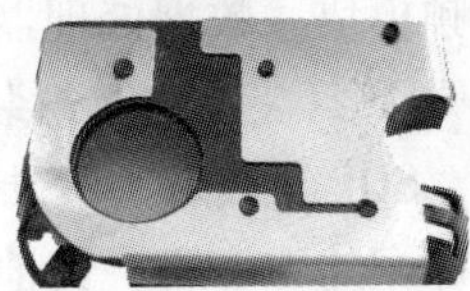

图 5-28　手机天线实物图

9. 背光灯

在手机照明应用器件中一般采用 EL 灯，也称为电激发光片。因发光体内密封有各种颜色（绿色、白色、蓝色灯）的荧光物质，所以当加一个强电流时，会启辉照明。与以往 LED 的背光灯相比，有亮度均匀、工作稳定、更省电的优点。目前已经代替 LED 作为手机照明器件，特别是液晶屏的背景灯。若 EL 出现故障，则一般表现为背景灯不亮，检修时可用示波器测量背光灯片的驱动电压波形，如电压正常，则为灯片坏；如电压波形不正常，则需检查驱动电路和相关的控制电路。手机背光灯实物图如图 5-29 所示。

图 5-29　手机背光灯实物图

5.2 常用集成电路

集成电路（IC）是手机元器件中最重要的元器件，手机的各个部分的功能基本由集成电路实现，而且越来越多的功能都被集成到这个芯片里面。集成电路内最容易集成的是 PN 结，也能集成小于 1000pF 的电容，但不能集成电感和较大的组件，因此集成电路通过引脚与外围电路一起组成完整的电路。在分析这部分电路时，不用去分析 IC 的内部结构，只需要分析 IC 的主要功能以及引脚功能、外围组件的作用即可。

手机中的 IC 一般有射频 IC、逻辑 IC、电源 IC 等，比较常见的封装有小外形封装（SOP）、四方扁平封装（QFP）和球形栅格阵列封装（BGA）。

5.2.1 SOP 封装集成电路

SOP 是英文 Small Outline Package 的缩写，即小外形封装。小外形封装的引脚分布在芯片的两边，数目少于 28 个，小圆圈为 1 脚的标志位，其他引脚按次序逆时针查找。手机中常见 SOP 封装有电子开关、频率合成器（SYN）、功率放大器（PA）、功率控制（PAC）及码片（EEPROM）等。SOP 封装集成电路实物图如图 5-30 所示。

图 5-30 SOP 封装集成电路实物图

5.2.2 QFP 封装集成电路

QFP 是英文 Quad Flat Package 的缩写，即四角扁平封装。其引脚分布于元器件四周，之间距离很小，引脚很细，引脚数一般都在 20 以上。手机中许多中频模块、数据处理器、音频模块、微处理器、电源模块等都采用 QFP 封装。QFP 封装集成电路实物图如图 5-31 所示。

SOP 封装和 QFP 封装判断引脚的方法是，芯片一角有一个黑点标记的为 1 脚，其他引脚顺序按逆时针方向确定。若芯片上没有标记点，则可将芯片上有文字的方向放正，左下角第一引脚即为 1 脚。

图 5-31 QFP 封装集成电路实物图

5.2.3 BGA 封装集成电路

BGA 是英文 Ball Grid Array Package 的缩写，即球栅阵列封装，其引脚为焊锡球，在芯片的下面用行、列交叉排列。BGA 封装的芯片拥有更多的引脚，但却极其节约空间，能够省去电路板多达 70% 的位置，而且还缩短了互连的距离，引脚间干扰小。因此，BGA 集成电路在目前手机电路中得到了广泛的应用。BGA 封装集成电路实物图如图 5-32 所示。

图 5-32 BGA 封装集成电路实物图

BGA 芯片的引脚识别方法是，

将芯片的引脚一面朝向读者，有文字的一面背对读者，同时要把有标注圆点的一角朝向左上方，然后引脚的行用大写英文字母表示，如 ABCE...（不用 I 和 O），列用阿拉伯数字 1234...表示，行列标号的交叉点（英文字母在前）即为引脚名称。例如，位于芯片的引脚面，最左上角的一角为 A1 脚，A1 角下方为 B1 脚，A1 角的右方为 A2 脚，依此类推。

5.3 习题

1. 在手机板上找到电阻，并测量其阻值。
2. 在手机板上找到电容，并分清是什么类别的电容。
3. 在手机板上找到电感、微带，并注意它与电容、电阻的区别。
4. 如果晶体二极管正、反向电阻均为无穷大，那么二极管已损坏。(　　)
5. 若测量电容器的绝缘电阻为 0，则表明电容器通交隔直能力强。(　　)
6. 电容的特点是通直流隔交流。(　　)
7. 一般钽电解电容带标记的一端为负极。(　　)
8. 干簧管是一种机械开关，而霍尔元器件则是电子开关。(　　)
9. 驻极体送话器端口没有正负极之分。(　　)
10. 当手机天线出现故障时，可以随意替换。(　　)
11. 集成电路可以把所有分立元器件集成起来。(　　)
12. 手机天线接收到的信号要至少放大 100dB，才能达到解调电路和模/数转换电路正常工作的要求。(　　)
13. 中频滤波器又称为注入滤波器，主要作用是滤除本振杂散信号。(　　)

第6章　手机维修专用工具及仪器

学习指导

手机是一种便携、小型化的电子产品，其产品的组装同一般的家电产品有所不同，在拆装时需要专用的维修工具设备。由于手机的芯片等元器件采用贴片焊接，所以在对手机主板进行维修时需要用到专用的焊接工具。本章介绍手机的专用拆卸工具、专用焊接工具以及专用测试设备。

6.1　专用维修工具

6.1.1　拆卸工具

手机的结构紧凑，设计巧妙，多采用卡扣方式固定，螺钉是特殊的，所采用的工具也是专用的。对于维修人员来讲，拆装机是一项基本功，熟练的拆装机是提高维修质量和维修速度的保证。准备好一套合适的拆卸工具是前提。手机常用拆卸工具实物图如图6-1所示。

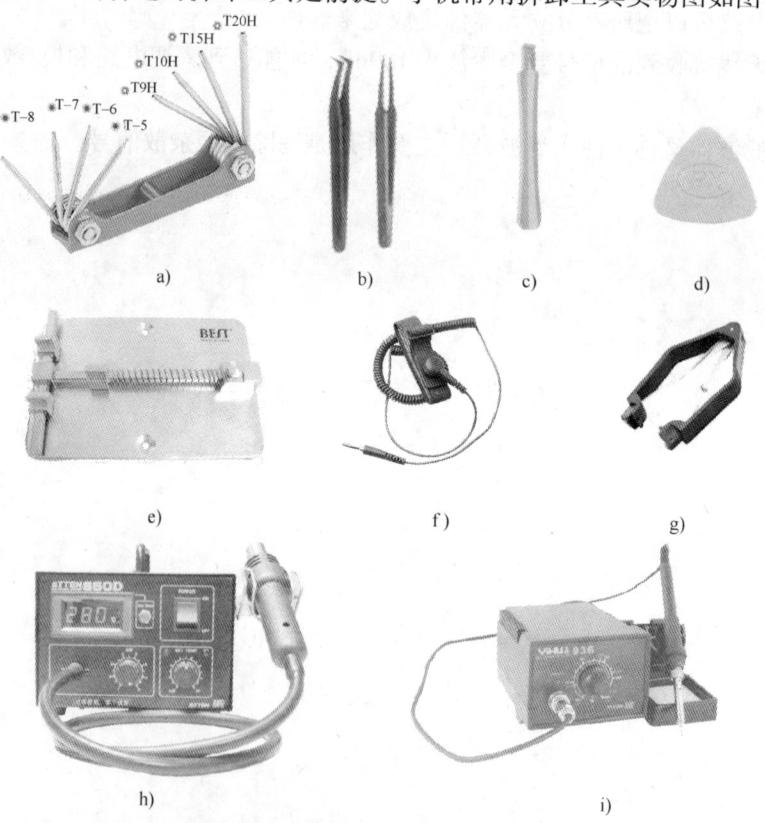

图6-1　手机常用拆卸工具实物图

a）螺钉旋具　b）镊子　c）拆机棒　d）拆机片　e）手机维修平台　f）防静电手腕　g）起拔器　h）热风枪　i）恒温电烙铁

1）螺钉旋具。手机中十字和一字形的螺钉并不多见，较多的是内六角形以及三角形的螺钉，因此在拆装手机时需要准备 T3、T5、T6、T7、T8 等螺钉旋具。

2）镊子。用于夹持元器件，由于手机中有些元器件较小，因此应该选用细长尖头的防静电镊子。

3）拆机棒。用于分离手机机壳、接插件以及某些部件。手机机壳多为塑料材质，用坚硬的物品撬动可能损坏机壳，因此拆机需要使用拆机棒。如果没有拆机棒，使用拇指的指甲也可以。

4）拆机片。与拆机棒作用相同。

5）手机维修平台。用于固定手机主板。维修平台应可靠接地。

6）防静电手腕。在拆装机前一定要放掉手上的静电，并佩戴防静电手腕，防止人身上的静电损坏手机元器件。

7）热风枪。用于拆卸和焊接贴片集成电路。

8）恒温电烙铁。用于拆焊小型元器件、补焊贴片集成电路虚焊的引脚和清理余锡。

除此之外，可能还需要用到其他的工具，例如刀片、电吹风、带灯放大镜、专用拆卸台等工具，以提高拆卸效率。

6.1.2　防静电恒温电烙铁

防静电恒温电烙铁常用于手机电路板上电阻、电容、电感、二极管、晶体管、互补金属氧化物半导体（CMOS）器件等引脚较少的贴片元器件的焊接与拆焊。有时也用做补焊 SOP、QFP 封装 IC 的引脚和清除引脚上的余锡。手机维修中较常用的是 936 型电烙铁。它有防静电（一般为黑色）和不防静电（一般为白色）功能两种。选购 936 电烙铁最好选用防静电恒温电烙铁。其控制面板如图 6-2 所示。

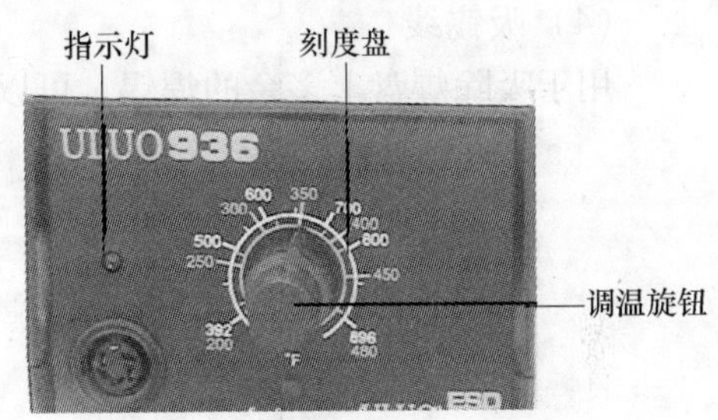

图 6-2　936 防静电恒温电烙铁控制面板

6.1.3　防静电热风枪

热风枪是拆、焊贴片元器件和集成电路的专用工具，其特点是防静电，温度可调，不易损坏元器件。性能较好的是 850 热风枪，其面板如图 6-3 所示。

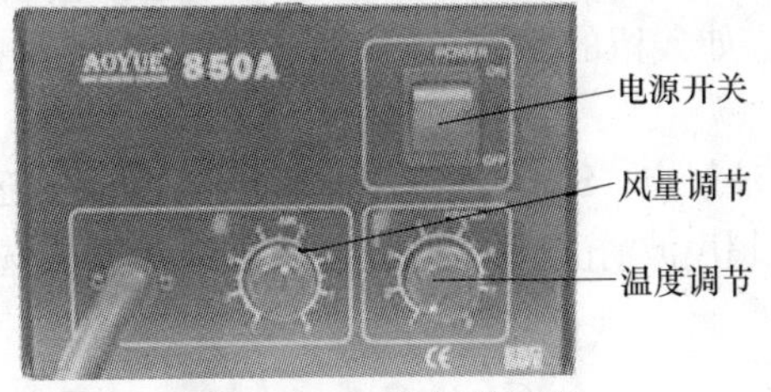

图 6-3　850 热风枪面板

6.1.4　维修耗材

在拆卸和焊接元器件时，还需要用到一些耗材，如助焊剂、焊锡膏、焊锡丝、吸锡线、溶胶水、天拿水、无水酒精等。缺乏这些耗材维修无法正常进行拆卸和焊接。

（1）助焊剂

助焊剂是焊接过程中不可缺少的辅料，它能够除去焊接物表面的氧化物，防止焊接时焊料和焊接表面的再氧化，以降低焊料的表面张力，使热量迅速传递。

在手机维修中经常使用的助焊剂是松香和助焊膏。图 6-4 为助焊剂实物图。

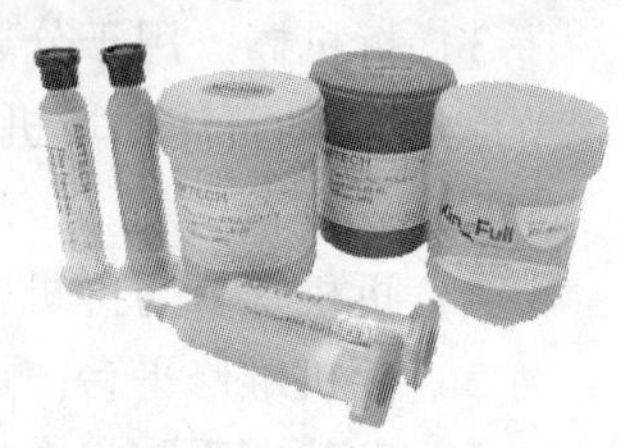

图 6-4　助焊剂实物图

松香绝缘性好，高频损耗小，会在电路板表面有残留，但基本不影响性能。松香的涂抹比较麻烦，可用烙铁头挂松香滴到焊接位置上，也可以用无水酒精溶解松香，做成松香水，平时密封好，用时用毛笔或针管蘸取。

BGA 助焊膏又称为焊油，不仅润锡速度快，冒烟小，而且残留物固化后表面绝缘阻值很高，免清洗。

（2）焊锡膏

焊锡膏又称为焊膏、锡膏，由合焊锡粉末、糊状焊剂和一些添加剂混合而成，是具有一定粘性和良好触变性的浆料或膏状体。用于对 BGA 芯片进行植锡操作。焊锡膏实物图如图 6-5 所示。

（3）焊锡丝

一般选用直径为 0.5mm 的无铅焊锡丝。

（4）吸锡线

用于吸除焊盘上多余的焊锡，可以用细铜丝代替。吸锡线实物图如图 6-6 所示。

图 6-5　焊锡膏实物图

图 6-6　吸锡线实物图

（5）溶胶水

用于溶解 BGA 封装 IC 底部及周围的固定胶。对于不同的固定胶要选用不同的溶胶水。

（6）天拿水

天拿水又称为香蕉水、稀释剂，是一种易燃易爆的化学危险品，易挥发。在手机维修中用来清除电路板上的污物，如残留的松香。但时间过长会溶解某些塑料、阻燃剂等。

（7）无水酒精

用于清洗键盘触点、电池触点、SIM 卡触点等易氧化的地方，还用于电路板的清洗、除潮。可将 99.9% 的无水酒精加入超声波清洗仪中，再放入电路板，适当选取清洗时间进行清洗。

6.2　常用维修仪器

6.2.1　数字万用表

数字式万用表是手机维修中常用的、不可缺少的测量工具，能够用来测量直流电压和交流电压、直流电流和交流电流、电阻、电容、二极管、晶体管、通断测试等参数。下面以 9804 式数字万用表为例介绍数字万用表的使用方法。

1. 操作面板说明

9804 式数字万用表操作面板如图 6-7 所示。将对应图中标识的各部分说明如下。

① 液晶显示器。显示仪表测量的数值及单位。

② POWER 电源开关。开起及关闭电源。

③ LIGHT 背光开关。开起及关闭背光灯。

④ HOLD 保持开关。按下此功能键，仪表当前所测数值保持在液晶显示器上，再次按下，退出保持功能状态。

⑤ hFE 测试插座。用于测量晶体管的 hFE 数值大小。

⑥ 旋钮开关。用于改变测量功能及量程。

⑦ 电压、电阻、频率及温度插座、小于 2A 电流及温度测试插座、20A 电流测试插座、公共地。

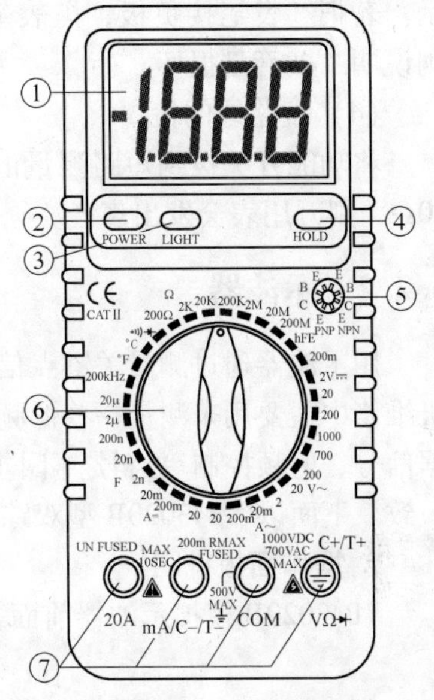

图 6-7　9804 式数字万用表操作面板

2. 使用方法

首先要根据测试项目选择插孔或量程开关的位置，由于使用时测量电压、电压和电阻等交替地进行，所以一定不要忘记换档。切不可用电阻或电流档测电压，如果用直流电流或电阻档去误量交流 220V 电源，则会立刻烧毁万用表。

万用表有红、黑两根表笔，位置不能接反、接错，否则，会带来测试错误或判断失误。将万用表的黑表笔插入 COM 插孔，红表笔插入 VΩ 等插孔。

（1）测量直流电压

1）将黑表笔插入“COM”插孔。红表笔插入 V/Ω/Hz 插孔。

2）将量程开关转至相应的 DCV 量程上，然后将测试表笔跨接在被测电路上，此时，红表笔所接的该点电压与极性就会显示在屏幕上。

如果事先对被测电压范围没有概念，就应将量程开关转到最高档位，然后根据显示值转至相应档位上；如测量时高位显示“1”，就表明已超过量程范围，需将量程开关转至较高档位上。

（2）电阻测量

1）将黑表笔插入“COM”插孔，红表笔插入 V/Ω 插孔。

2）将所测开关转至相应的电阻量程上，将两表笔跨接在被测电阻上。当输入开路时，会显示过量程状态“1”。

如果被测电阻超过所选量程，则会指示出过量程“1”，此时需用高档量程。当被测电阻在 1MΩ 以上时，需待数秒后方能稳定读数，对于高电阻测量，这是正常的。检测在线电阻时，需确认被测电路已关掉电源，把电阻的一端与电路断开，方能进行测量。当测量 200MΩ 量程时需注意，在此量程，两表笔短接时读数为 1.0，这是正常现象，此读数是一个固定的偏移值。如被测电阻为 100MΩ 时，读数为 101.0，正确的阻值是显示减去 1.0，即 $(101.0-1.0)\Omega=100\Omega$。

(3) 二极管测量

1) 当测量二极管时，把量程开关拨至→·)))档。

2) 用红表笔接正极，黑表笔接负极。对硅材料二极管来说，应有 500 ~ 800Ω 的数字显示。若把红表笔接负极，黑表笔接正极，表的读数应为“1”。若正反测量都不符合要求，则说明二极管已损坏。

(4) 短路线的检查

将功能开关拨到短路测量的档位上，将红黑表笔放在要检查的线路两端。如电阻小于50Ω，则万用表会发出声音。

6.2.2 示波器

用示波器通过测量关键点信号波形，可以确定故障范围，快速找到故障点。示波器在手机维修中主要用来测量一些低频信号，例如供电电压、时钟信号、片选信号、音频信号、数据信号、射频控制等信号。不同的示波器虽然各旋钮位置、功能不尽相同，但使用方法基本一致。下面以 YB43020B 型双踪 20M 示波器为例，介绍其使用方法和技巧。

1. 操作面板说明

YB43020B 模拟示波器前面板实物图如图 6-8 所示。

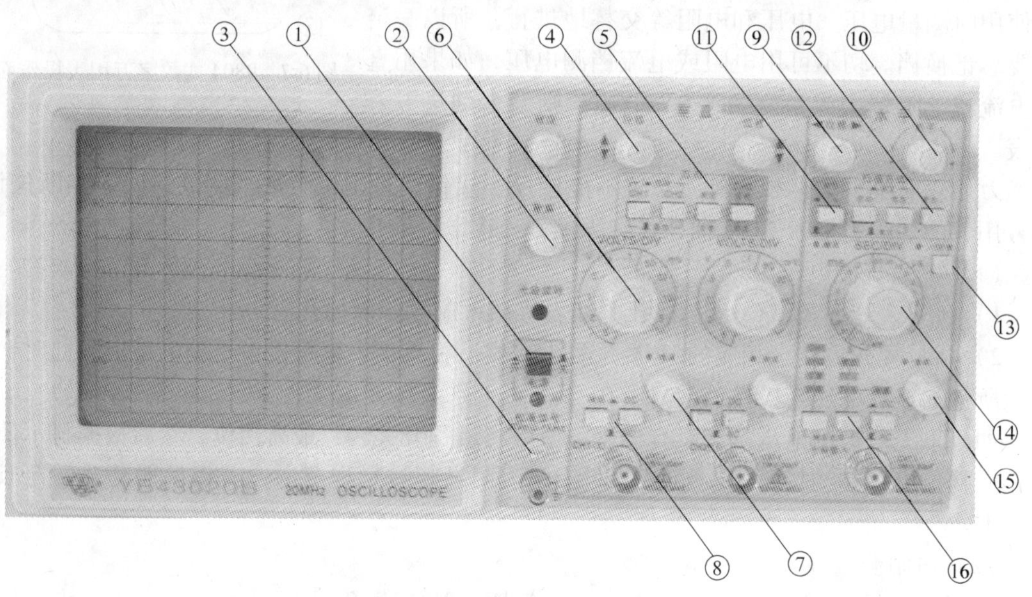

图 6-8　YB43020B 模拟示波器前面板实物图

下面对应图中标识，介绍主要按键以及旋钮的功能。

① 电源开关。按此开关，仪器电源接通，指示灯亮。

② 聚焦。用以调节示波管电子束的焦点，使显示的光点成为细而清晰的圆点。

③ 校准信号。此端口输出幅度为 0.5V、频率为 1kHz 的方波信号。

④ 垂直位移。用以调节光迹在垂直方向的位置。

⑤ 垂直方式。选择垂直系统的工作方式。

CH1：只显示 CH1 通道的信号。

CH2：只显示 CH2 通道的信号。

交替：用于同时观察两路信号，此时两路信号交替显示，该方式适合于在扫描速率较快时使用。

断续：两路信号断续工作，适合于在扫描速率较慢、同时观察两路信号时使用。

叠加：用于显示两路信号相加的结果。当 CH2 极性开关被按入时，则两信号相减。

CH2 反相：按此键，CH2 的信号被反相。

⑥ 灵敏度选择开关（VOLTS/DIV）。选择垂直轴的偏转系数，从 2mV/div ~ 10V/div 分 12 个档级调整，可根据被测信号的电压幅度选择合适的档级。

⑦ 微调。用以连续调节垂直轴偏转系数，调节范围≥2.5 倍，该旋钮逆时针旋足时为校准位置，此时可根据“VOLTS/DIV”旋钮在刻度盘的位置和屏幕显示的幅度读取该信号的电压值。

⑧ 耦合方式（AC GND DC）。垂直通道的输入耦合方式选择。

AC：信号中的直流分量被隔开，用以观察信号的交流成分。

DC：信号与仪器通道直接耦合，当需要观察信号的直流分量或被测信号频率较低时应选用此方式。

GND：输入端处于接地状态，用以确定输入端为零电位时光迹所在位置。

⑨ 水平位移。用以调节光迹在水平方向的位置。

⑩ 电平。用以调节被测信号在变化至某一电平时触发扫描。

⑪ 极性。用以选择被测信号在上升沿或下降沿触发扫描。

⑫ 扫描方式。选择产生扫描的方式。

自动：当无触发信号输入时，屏幕上显示扫描光迹，一旦有触发信号输入，电路就自动转换为触发扫描状态，调节电平可使波形稳定的显示在屏幕上，此方式适合观察频率在 50Hz 以上的信号。

常态：当无信号输入时，屏幕上无光迹显示；当有信号输入时，且触发电平旋钮在合适位置上，电路被触发扫描；当被测信号频率低于 50Hz 时，必须选择该方式。

锁定：仪器工作在锁定状态后，无需调节电平即可使波形稳定显示在屏幕上。

单次：用于产生单次扫描。在进入单次状态后，按动复位键，电路工作在单次扫描方式，扫描电路处于等待状态，当触发信号输入时，扫描只产生一次，下次扫描需再次按动复位按键。

⑬ ×5 扩展。按此键后，扫描速度扩展 5 倍。

⑭ 扫描速率选择开关（SEC/DIV）。根据被测信号的频率高低，选择合适的档极。当扫描“微调”置校准位置时，可根据旋钮在刻度盘的位置和波形在水平轴距离读出被测信号的时间参数。

⑮ 微调。用于连续调节扫描速率，调节范围≥2.5 倍，逆时针旋足为校准位置。

⑯ 触发源。用于选择不同的触发源。

CH1：在双踪显示时，触发信号来自 CH1 通道；在单踪显示时，触发信号则来自被显示的通道。

CH2：在双踪显示时，触发信号来自 CH2 通道；在单踪显示时，触发信号则来自被显示的通道。

交替：在双踪交替显示时，触发信号交替来自于两个 Y 通道。此方式用于同时观察两路不相关的信号。

外接：触发信号来自于外接输入端口。

2. 示波器的使用

（1）使用前准备

将面板上的各旋钮置于下列位置（以使用 Y1 通道测量信号为例）。

1）将辉度控制置于中间，输入耦合开关置于 AC。

2）根据被测信号的幅度将伏/度选择开关置于适当位置（如被测信号在 5V 左右，可将此开关置于 1V/DIV）。将位移/直流偏置开关置于中间位置，工作方式选择开关置于通道 1 位置。

3）根据被测信号的频率将扫描时间选择开关置于合适位置，扫描微调置于校正位置（顺时针旋到底）。将触发源选择开关置于“内”，内触发选择开关置于“Y1”，触发方式选择置于“自动”。

4）接通电源开关，电源指示灯亮，几秒钟后，在屏幕上应看到一条扫描线，再适当调节辉度旋钮，使扫描线亮度适中；调节聚焦旋钮，使扫描线最细；调节位移旋钮，使扫描线和屏幕中间的水平刻度线重合。

预热几分钟之后，示波器就可以使用了。

（2）模拟示波器使用

【例 1】 校准信号的测量。操作步骤如下。

1）把校准信号接入 CH2 通道。

2）将扫描方式选择为自动，通道选择 CH2，耦合方式选择 GND，把地线通过垂直位移旋钮调整到屏幕中央。

3）耦合方式选择 DC，调整电压灵敏度开关以及扫描速率选择开关到合适位置，使屏幕显示 2 到 3 的波形，读出幅度和周期。例 1 操作示意图如图 6-9 所示。

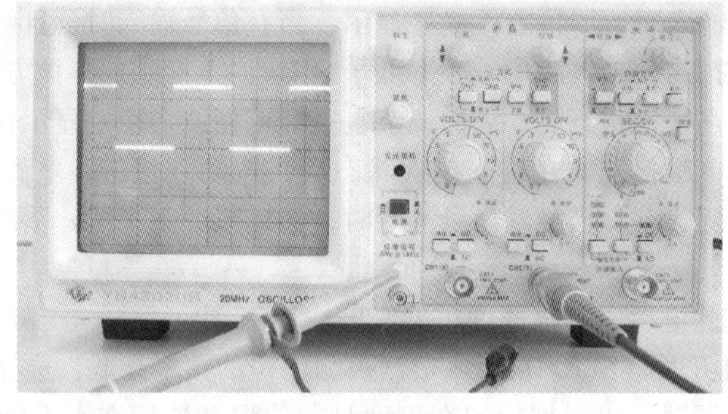

图 6-9 例 1 操作示意图

读数：$V\text{pp} = 0.2\text{V/div} \times 2.5\text{div} = 0.5\text{V}$

$T = 0.2\text{ms/div} \times 5\text{div} = 1\text{ms}$

$f = 1/T = 1\text{kHz}$

【例 2】 显示 $f = 2\text{kHz}$、$V\text{pp} = 5\text{V}$ 的正弦波测量。实验步骤与例 1 基本相同，对于正弦波耦合方式选择 AC。例 2 操作示意图如图 6-10 所示。

读数：$V\text{pp} = 1\text{V/div} \times 5\text{div} = 5\text{V}$

$$T = 0.1\text{ms/div} \times 5\text{div} = 0.5\text{ms}$$

$$f = 1/T = 2\text{kHz}$$

（3）注意事项

1）测试前，应首先估算被测信号的幅度大小，若不明确，则应将示波器的伏/度选择开关置于最大档，以避免因电压过大而损坏示波器。

2）当示波器工作时，周围不要放一些大功率的变压器，否则，测出的波形会有重影和噪波干扰。

3）示波器可作为高内阻的电流电压表使用。在手机电路中有一些高内阻电路，若用普通万用表测电压，则因万用表内阻较低，测量结果会不准确，而且还可能会影响被测电路的正常工作，而示波器的输入阻抗比起万用表要高得多。在测量时，选择示波器直流输入方式，先将示波器输入接地，确定好示波器的零基线，就能方便地测量出被测信号的直流电压。

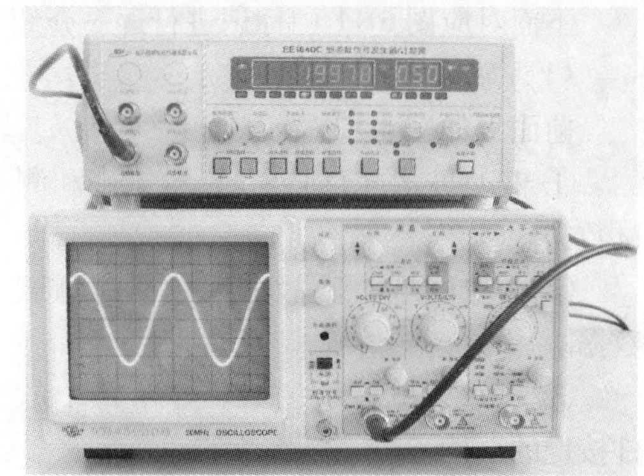

图 6-10　例 2 操作示意图

6.2.3　频谱分析仪

频谱分析仪能够在特定频域里显示输入信号的频谱特性，例如在维修手机不入网时，经常需要测量 13MHz 信号。一般情况下，可以用示波器判断 13MHz 电路信号的存在与否，以及信号的幅度是否正常，然而，却无法利用示波器确定 13MHz 电路信号的频率是否正常；用频率计可以确定 13MHz 电路信号的有无，以及信号的频率是否准确，但却无法用频率计判断信号的幅度是否正常。使用频谱分析仪对这些问题可迎刃而解，因为频谱分析仪既可检查信号的有无，又可判断信号的频率是否准确，还可以判断信号的幅度是否正常，同时它还可以判断信号（特别是 VCO 信号）是否有干扰。

在手机维修中还可以通过测量高频信号的增益大小和频偏特性，结合发射接收测试软件，查找射频部分的故障点。可见频谱分析仪在手机维修过程中是十分重要的。下面以爱德万 R3131 为例介绍频谱分析仪的使用方法。

1. 操作面板说明

爱德万 R3131 前面板示意图如图 6-11 所示。

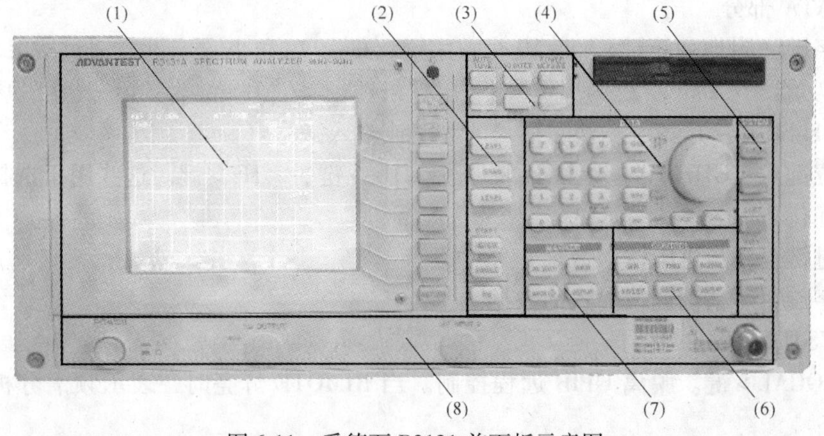

图 6-11　爱德万 R3131 前面板示意图

下面对应图 6-11 中标识进行逐一介绍。

（1）显示部分

前面板如图 6-12 所示。

① 液晶显示（LCD）。显示轨迹和测试数据。

② 活动区域。显示输入数据和测试数据。

③ 软件菜单显示区域。显示每个软件按键的功能。

④ 对比度控制。校准显示亮度。

⑤ <ACTIVE OFF>键。关掉活动区域，移开任何显示的信息。

⑥ 软按键：7 个键相对应于显示在左边的软菜单；按一个软按键选择相应的菜单项目。

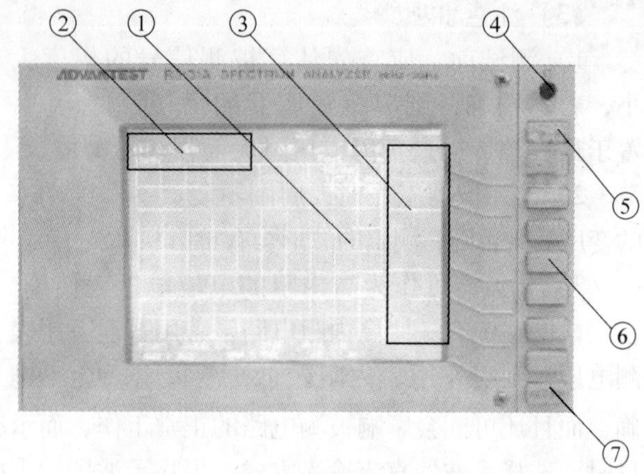

图 6-12　爱德万 R3131 前面板显示部分

⑦ <RETURN>键。用于返回屏幕显示到分级软菜单结构的上一级菜单。

（2）MEASUREMENT 部分

1）<FREQ>键。设置中心频率。

2）<SPAN>键。设置频率跨距。

3）<LEVEL>键。设置参考电平。

4）SWEEP 灯。当扫描正在运行时开起。

5）<REPEAT>（START/STOP）键。执行连续扫描或重新扫描。

6）<SINGLE>键。执行单一扫描或重新扫描。

7）<TG>键。设置 TG 功能。

（3）功能部分

1）<AUTO TUNE>键。自动显示最大峰值。

2）<COUNTER>键。作为计数器，用于测试频率。

3）<POWER MEASURE>键。进行功率测试。

（4）DATA 部分

1）数字键（附加功能键）。有 10 个数字键（0 ~ 9）和小数点键。通过按<SHIFT>键能进入附加功能。<EMC>键为 EMC 测试设置条件；<CAL>键为频谱分析仪执行校准。

2）<BK SP（-）>键。消除输入的数字或输入减号（-）。

3）单位键。<GHz>键、<MHz>键、<kHz>键、<Hz>键。这些用于选择一个单位或输入一个值。

4）步进键。在步进中输入数据。

5）数字旋钮。精确调节输入的数据。

（5）SYSTEM 部分

1）<LOCAL>键。脱离 GPIB 远程控制。当 RIMOTE 灯亮时，表示频谱分析仪处于远程方式中。

2）<CONFIG>键。设置界面的操作状态等。<PRESET>键（<SHIFT>、<CONFIG>），使频谱分析仪复位到厂商默认的设置。

3）<SHIFT>键。作为确定键，允许进入附加功能（在键上有蓝色标贴）。当按<Shift>键时，LED 灯亮，切换到下一个键。

4）<RECALL>键。调出前面的数据。<SAVE>键（<SHIFT>、<RECALL>）存储数据。

5）<COPY>键。复制屏幕的数据。

（6）CONTROL 部分

1）<BW>键。用于设置分析带宽（RBW）和视频带宽（VBW）。

2）<TRIG>键。用于设置触发状态。

3）<PAS/FAIL>键。用于设置电平窗口的状态和检测遇到的情况。

4）<DISPLAY>键。用于设置显示线、参考线等。

5）<TRACE>键。用于设置轨迹功能。

6）<SWEEP>键。用于设置扫描时间。

（7）MARKER 部分

1）<PK SRC>键。搜索轨迹的峰值点。

2）<MKR>键。显示标记。

3）<MEAS>键。设置测试方式。

4）<MAK→>键。获得标记值，以便使用这些数据作为其他功能。

（8）电源开关/连接器部分

1）POWER 开关。转动电源的开或关。

2）RF INPUT1 连接器。N－型输入连接器 50Ω。分析器输入连接器：频率范围是 9kHz～3GHz，最大输入电平是＋20dBm（INPUT ATT≥20dB）或±50VDC（R3131），最大输入电平是＋30dBm（INPUT ATT≥30dB）或±50VDC（R3131A）。

3）TG OUTPUT 连接器。TG 输出连接器，频率范围是 100kHz～3GHz。

2. 频谱分析仪 LCD 显示屏

频谱分析仪 LCD 显示屏的显示内容如图 6-13 所示。下面对应图中标识，具体介绍显示信息。

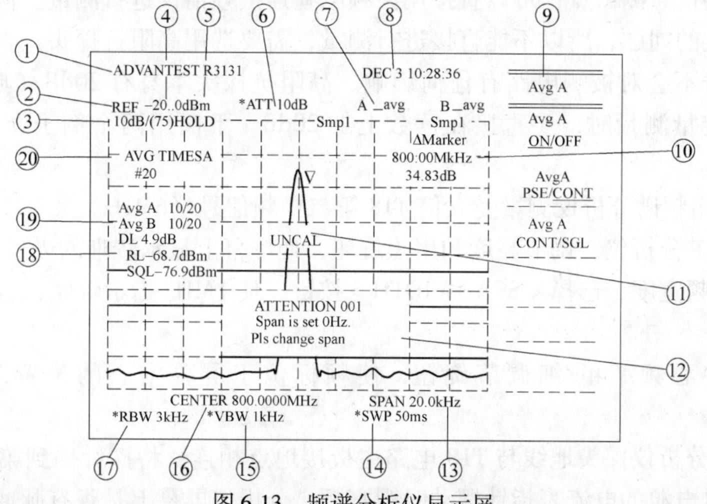

图 6-13　频谱分析仪显示屏

① 标题。显示（与其他数据区别）当前数据标题。

② 参考电平。当前参考电平。

③ 振幅比例。当前振幅比例刻度。

④ 75Ω 模式指示器。指示输入阻抗为 75Ω（如果输入阻抗是 50Ω，就没有指示）。

⑤ HOLD 模式指示器。指示面板键被设置为 HOLD 方式。

⑥ RF 衰减。在人工模态中设置时，在当前衰减电平（ATT）前加了一个星号（*）。

⑦ 轨迹。当前选择的轨迹方式和搜索方式。

⑧ 日期。当前日期和时间。

⑨ 软菜单。菜单项目对应于功能键。

⑩ 标记区域。标记频率和标记电平。

⑪ UNCAL 信息。指示测试没被校准。

⑫ 信息窗口。显示出现的错误信息。

⑬ 频率跨度或停止频率。当前显示的频率跨距。

⑭ 扫描时间。单一扫描的时间。在人工模态中设置时，SWP 前面增加一个星号（*）。

⑮ 视频带宽（VBW）。频率被选择为视频带宽滤波器。在人工模态中设置时，VBW 值前加了一个星号（*）。

⑯ 中心频率或开始频率。指示当前显示的中心频率。在人工模态中设置时，在显示的 RBW 值前加了一个星号（*）。

⑰ 分辨率带宽（RBW）。显示当前的分辨率带宽。在人工模态中设置时，在 RBW 前加了一个星号（*）。

⑱ 线路设置显示。指示了显示线、参考线和噪声抑制线的值。

⑲ 平均数显示。显示平均数。

⑳ 活动区域。显示当前的活动功能和其相关值。

3. 频谱分析仪的使用

爱德万 R3131 能够测量频率范围为 9kHz ~ 3GHz 和振幅测量范围为 ±20dBm（平均显示噪声电平）的信号。

对手机有些信号测试点，可以直接用高频电缆连接频谱仪进行测量。但有部分测试点因为存在阻抗匹配的问题，所以不能直接进行测量，需要选用高阻抗探头，直接定量测量手机上任何射频信号不会对被测电路有任何影响。高阻抗探头本身有 20dB（典型值）的衰减，因此用其作为定量测量时，要直接在读数上加 20dB。下面用两个例子介绍频谱分析仪的使用。

【例 3】 用频谱分析仪测量爱立信 T18 第二中频信号（6MHz）。

1）打开频谱分析仪，调节亮度和聚焦旋钮，使屏幕上显示清晰的光迹。

2）调节扫频宽度，选择 <SCANWIDTH> 按键，使 1MHz 指示灯亮，表示每格所占频率为 1MHz。

3）调节中心频率粗/细调节旋钮，使频标位于屏幕中心的位置，此时所指频率为 6MHz。

4）将频谱分析仪探头地线与 T18 电路主板接地点相连，将探针插到第二中频滤波器的输出端，在供电电源的电流表指针摆动时观察频谱分析仪屏幕上是否有脉冲式图像。正常情况下，当电流表指针摆动时，会有脉冲图像出现在 6MHz 频标位置上。

【例 4】 用频谱分析仪测量诺基亚 3310 功放输出信号的频谱。

1）打开频谱分析仪，调节亮度和聚焦旋钮，使屏幕上显示清晰的图像。

2）调节中心频率粗/细调节旋钮，使频标位于屏幕中心的位置，此时显示屏显示的频率值为 900MHz。

3）调节扫频宽度，选择 <SCANWIDTH> 按键，使 10MHz 指示灯亮，表示每格所占频率为 10MHz。

4）将频谱分析仪探头地线与 3310 主板接地点相连，将控针插到功放块的输出端，并拨打“112”，观察电流表摆动的同时观看频谱分析仪屏幕上有无脉冲图像。正常情况下，在 900MHz 频标附近会出现脉冲图像，但幅度会超出屏幕范围。此时可以按衰减按键，使图像最高点在屏幕范围内。

6.2.4 手机综合测试仪

手机综合测试仪在手机维修中主要用来测试手机射频的各项性能，并利用回环测试送话器与受话器之间的好坏。还可利用手机综合测试仪的信号发生器模拟手机基站，这对检查接收通路的故障点很有帮助。下面以安捷伦 6392B 型手机综合测试仪为例介绍其使用方法。

1. 操作面板说明

安捷伦 6392B 型手机综合测试仪操作面板示意如图 6-14 所示。现对应图中标识，介绍主要按键、旋钮、接口等功能。

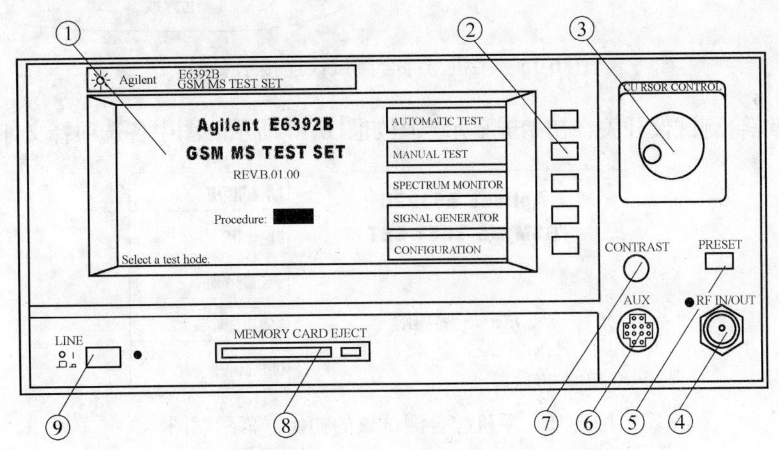

图 6-14 安捷伦 6392B 型手机综合测试仪操作面板示意图

① LCD 屏幕。

② 软键。

③ 旋钮。

④ RF 输入输出接口。

⑤ 复位键。

⑥ 通用直流电源输出口。

⑦ LCD 对比度调整。

⑧ 存储卡插槽。

⑨ 综合测试仪开关。

2. 手机综合测试仪的操作

在手机维修中，经常使用安捷伦 6392B 型手机综合测试仪的自动测试、手动测试、信号发生源模式。自动测试可以测量出手机射频部分的性能，并进行回环测试；手动测试包括同步测试与异步测试，能准确判断各项射频指标是否符合标准；信号发生源模式相当于基站，结合射频测试软件，测量接收通路的故障所在。在测试之前，需用一根射频线将手机的射频输入输出端与综合测试仪 RF 的输入输出接口相连接。手机与综合测试仪的连接示意图如图 6-15 所示。

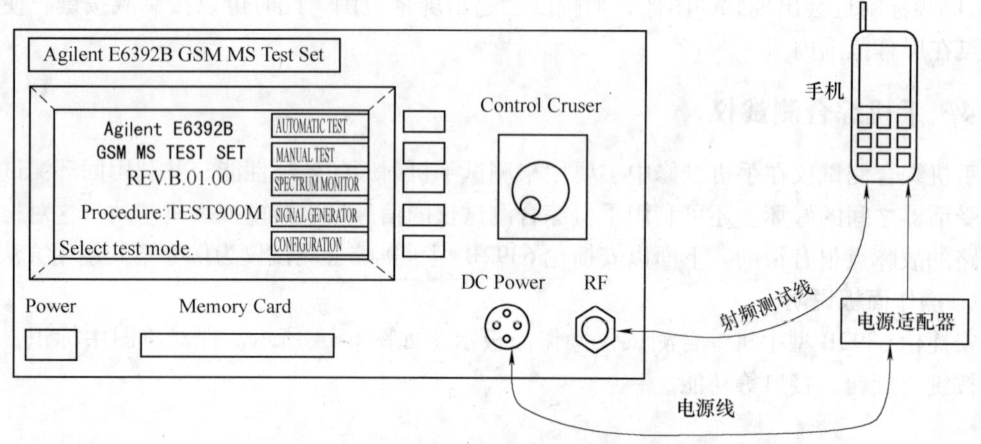

图 6-15　手机与综合测试仪连接示意图

打开手机综合测试仪开关，初始屏幕示意图如图 6-16 所示。图中各选项释义如表 6-1 所示。

Agilent E6392B
GSM MS TEST SET
REV. B.01.00
Procedure: TEST900M
Select a test mode.

AUTOMATIC TEST
MANUAL TEST
SPECTRUM MONITOR
SIGNAL GENERATOR
CONFIGURATION

图 6-16　手机综合测试仪的初始屏幕示意图

表 6-1　手机综合测试仪初始屏幕选项

名　称	释　义
AUTOMATIC TEST	自动检测不同信道和功率等级的性能
MANUAL TEST	分别执行每个检测项，以确定手机的特性
SPECTRUM MONITOR	监测手机的发射频谱
SIGNAL GENERATION	产生某个无线信道的 RF 信号
CONFIGURATION	定义或更改检测仪器的配置

（1）自动测试

1）选择 AUTOMATIC TEST，进入自动测试页面，如图 6-17 所示。

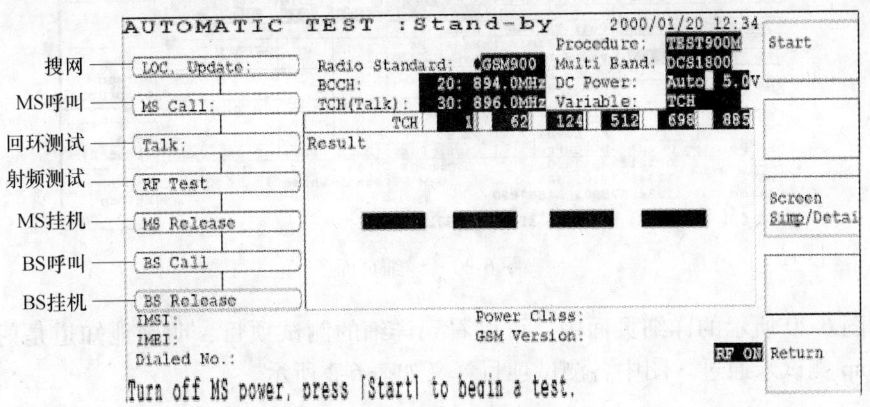

图 6-17　自动测试页面

2）按下如图 6-17 所示自动测试页面右上角的 < Start > 键，开始自动测试。测试完毕后，如果通过检测，就会出现如图 6-18 所示的通过检测页面。

图 6-18　通过检测页面

如果没有通过检测，就会出现如图 6-19 所示的未通过检测页面。

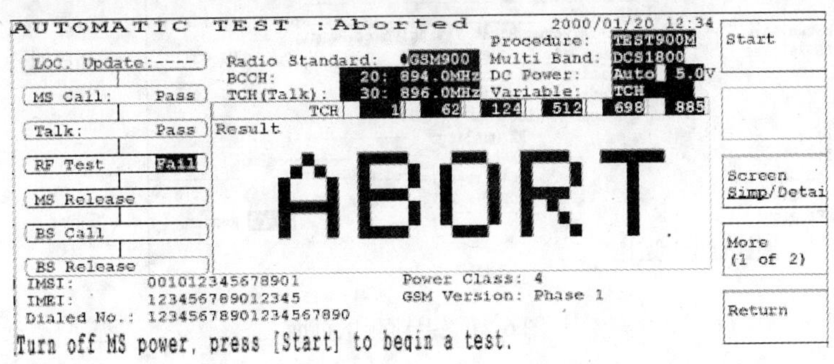

图 6-19　未通过检测页面

从图 6-19 所示的页面中，可以看到射频检测未通过，此时要查询详细情况，可以按下 < Screen Simp/Detail > 键，就会出现如图 6-20 所示的详细页面。

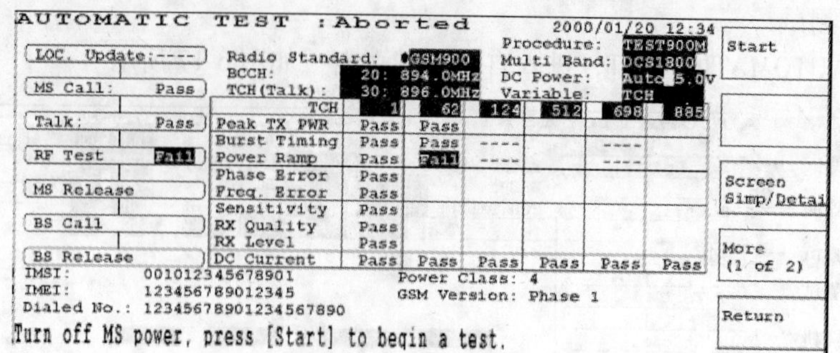

图 6-20　详细页面

在如图 6-20 所示的详细页面中，可以看到详细的测试项目，明确地知道是射频测试的 Power Ramp 测试未通过。图中各测试项目释义如表 6-2 所示。

表 6-2　测试项目

名　称	释　义	名　称	释　义
Peak TX PWR	发送峰值功率	Sensitivity	灵敏度
Burst Timing	脉冲串时控	RX Quality	接收质量
Power Ramp	功率斜坡	RX Level	接收电平
Phase Error	相位误差	DC Current	DC 电流
Freg. （Frequency） Error	频率误差		

（2）手动测试

1）选择 MANUAL TEST，进入手动测试页面，如图 6-21 所示。

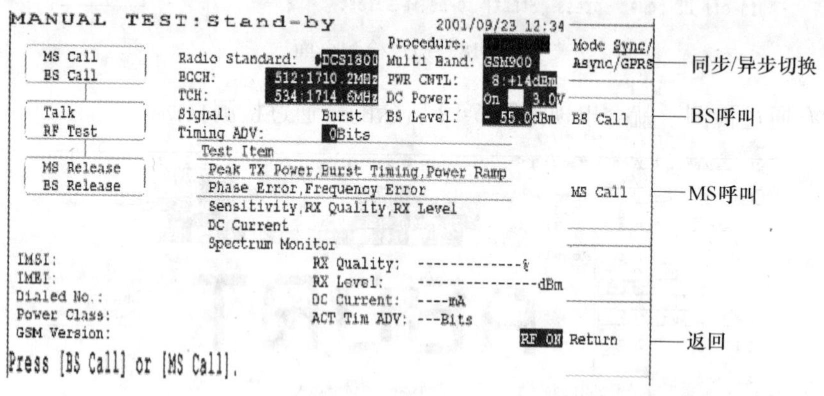

图 6-21　手动测试页面

2）旋转旋钮使光标移动，按下旋钮就选中了某一项，再旋转旋钮可以改变其值，完成设置后再按下旋钮。设置完毕之后，按下 < BS Call > 或 < MS Call > 即可进行测试。

（3）信号发生源模式

选择 SIGNAL GENERATION，进入信号源设定页面，如图 6-22 所示。

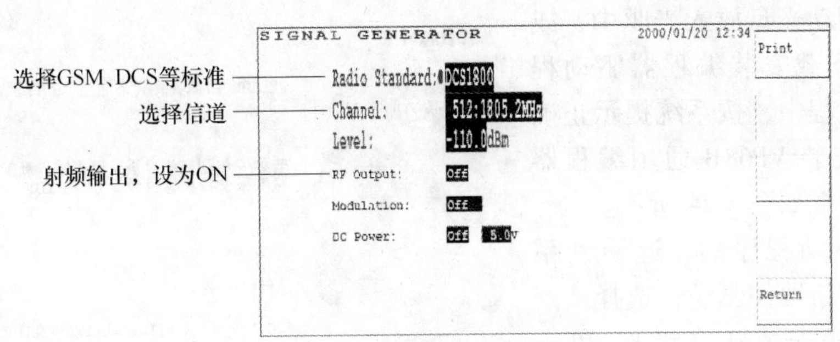

图 6-22　信号源设定页面

根据需要对信号源进行相关的设置即可。

6.2.5　通用编程器的使用

当手机出现了软件故障时，可以利用通用编程器重写字库和码片资料来修复手机的软件故障。使用这种方法必须将芯片从手机主板上拆下，在用编程器将资料重新写入后，再焊回原位，此方法对于一些手机底层软件的故障非常有效。只要有正常的手机，就可以自己收集软件资料，将其字库和码片取下来后在编程器上读出数据资料，并进行保存，在以后的维修中，只要故障手机的型号相同，就能够重新写入其软件资料。目前手机大多采用了 BGA 封装的芯片，使得这种方法变得不大方便，但若使用 BGA 封装 IC 适配座，则也能进行读写。下面以 Wellon VP68B 通用编程器为例进行介绍。

VP68B 通用编程器能够对几乎所有的 DIP 封装及 BGA 封装的 PLD 器件、E（E）PROM、FLASH、MCU 等芯片进行读写，软件支持 Windows 2000 \ NT \ 98 \ ME \ XP 操作系统，支持 JEDEC、BINARY、MOTOROLAS、TEKTRONIX、INTEL 等文件格式的读写。一套 VP68B 通用编程器包括主机、USB 数据线、电源、各类芯片适配器（部分需另配）、使用说明书和驱动光盘。图 6-23 所示为 VP68B 通用编程器实物图。

图 6-23　VP68B 通用编程器实物图

1. VP68B 通用编程器的安装

1）硬件安装。使用包装箱中的 USB 数据线，将编程器与计算机 USB 接口连接，即可正常工作。在连接工作前，一定要放掉身上可能存在的静电。

2）软件安装。开机进入 XP 操作系统，如果正确连接好编程器，系统就将自动检测新硬件，并提示安装驱动（注意：USB 可以进行热插拔，即带电连接。但如果没有特殊情况，最好还是关机连接）；由于编程器需要自己的 USB 驱动，所以在提示找到新硬件并要求安装驱动时先不要安装。

将随机驱动光盘放入光驱中，或从网站直接下载安装编程器驱动程序；在安装过程中，按系统提示正确安装即可。安装 VP68B 通用编程器驱动程序对话框如图 6-24 所示。

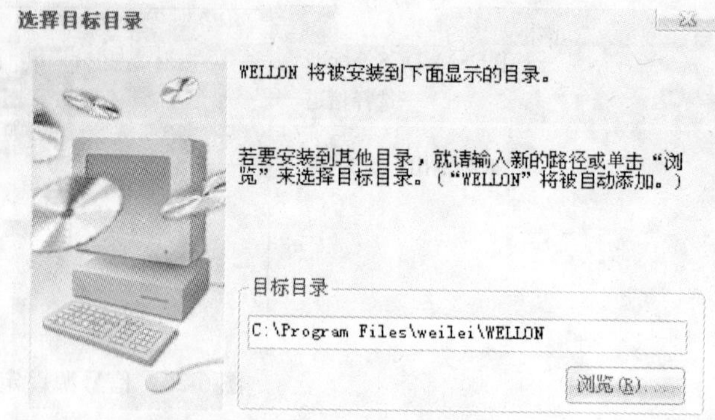

图 6-24　安装 VP68B 通用编程器驱动程序对话框

在安装驱动程序后，返回到系统，提示安装新硬件驱动；选择从列表或指定位置安装（高级），单击“下一步”继续；在最佳驱动选择界面，选择手动指定驱动地址，在浏览中选择编程器 USB 驱动，默认位置是 C：\Program Files\weilei\WELLON\usbsys，然后单击“下一步”按钮继续，系统将自动配置安装好编程器 USB 驱动。硬件更新向导对话框如图 6-25 所示。

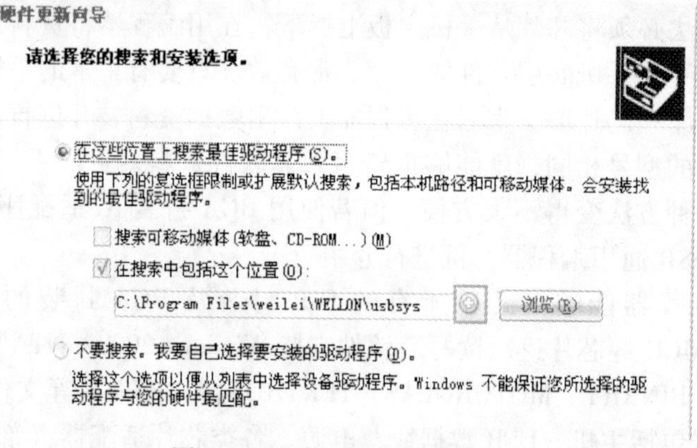

图 6-25　硬件更新向导对话框

在正确安装 USB 驱动程序后，即可运行编程器驱动程序进行芯片编程了。

运行编程驱动程序。如果系统正确与编程器连接，那么在编程控制界面中，系统就应检测到编程器的型号及产品序列号。编程驱动程序界面如图 6-26 所示。

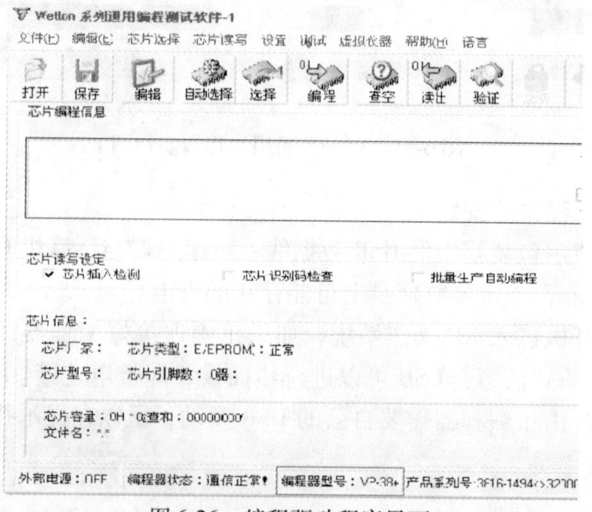

图 6-26　编程驱动程序界面

如果编程器没有与机器正确连接，当运行编程驱动程序时，就会有错误信息提示，此时要检测编程器 USB 线或主机 USB 接口是否正常。

2. 芯片编程

1）安装芯片。将芯片插到编程器上，对于不同封装的芯片，需要不同的转接适配器。如果不知道芯片对应的适配器型号，就可以在编程驱动程序中选择芯片型号，程序会提示，按提示选用对应的适配器即可。查找适配器界面如图 6-27 所示。

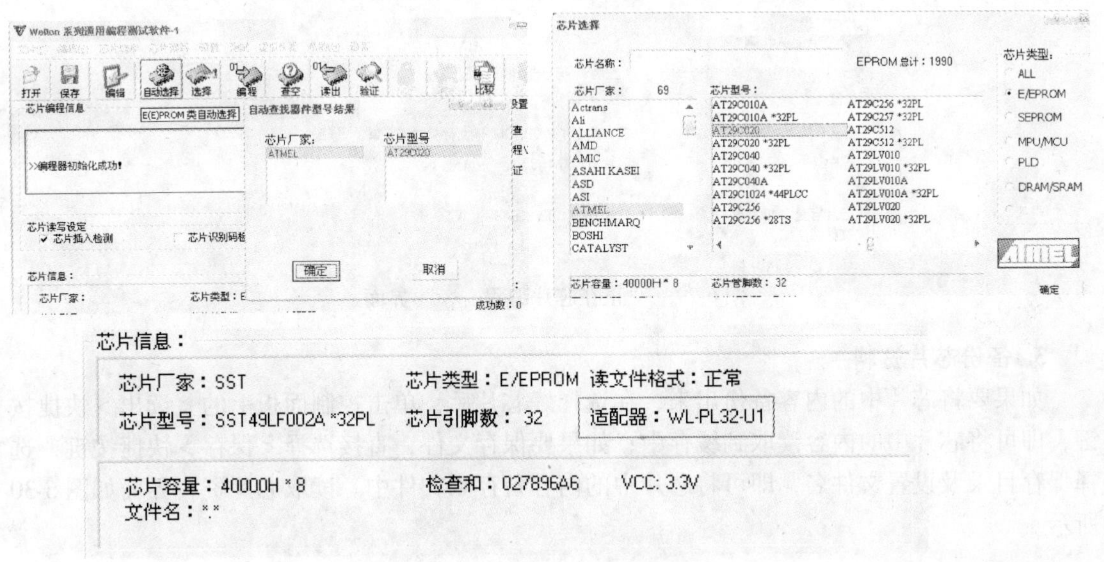

图 6-27　查找适配器界面

注意，VP-58B 编程器直接支持 48 脚 DIP 芯片，对于不同引脚数芯片，只要将芯片尾部对准编程器 DIP 锁紧座的尾部插入，然后按下锁紧座的手柄，锁紧芯片即可，其示意图如图 6-28所示。

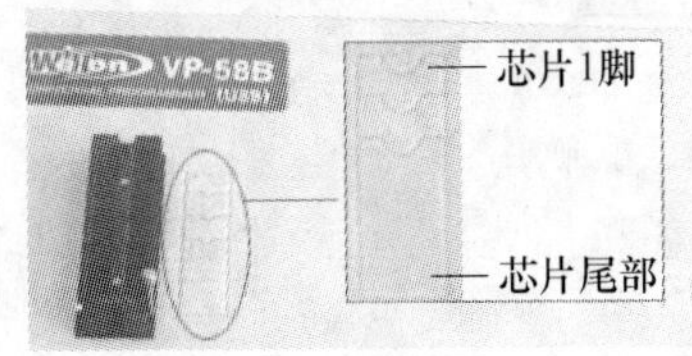

图 6-28　锁紧芯片示意图

2）设置芯片型号。运行编程驱动程序。如果芯片已经被正确插到编程器上，单击自动选择，编程器即可自动检测到芯片的型号。如果无法检测到芯片，就需要手动选择芯片型号，方法是，选择——芯片选择，然后根据芯片表面的型号，选择对应的芯片型号即可。

3）选取文件。选择〈打开〉快捷按键，正确读入需要写入的文件。

4）编程。单击〈编程〉快捷按键，即可完成编程操作，如图 6-29 所示。

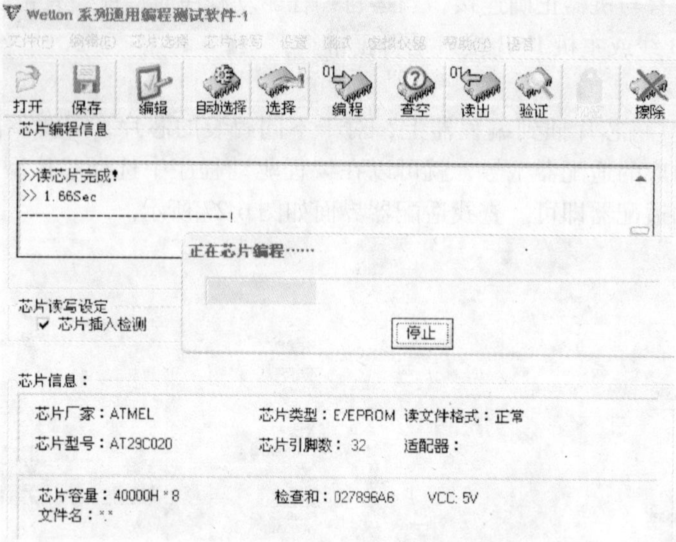

图 6-29 “正在芯片编程……”界面

3. 备份芯片资料

如果要将芯片中的内容备份出来，在选择好芯片后，单击控制面板上的<读出>快捷按键，即可将芯片中的内容读取到缓存中；如果要保存文件，直接选择<保存>快捷按键，选择保存目录及设置文件名，即可将芯片中的内容备存到文件中。读取芯片资料界面如图 6-30 所示。

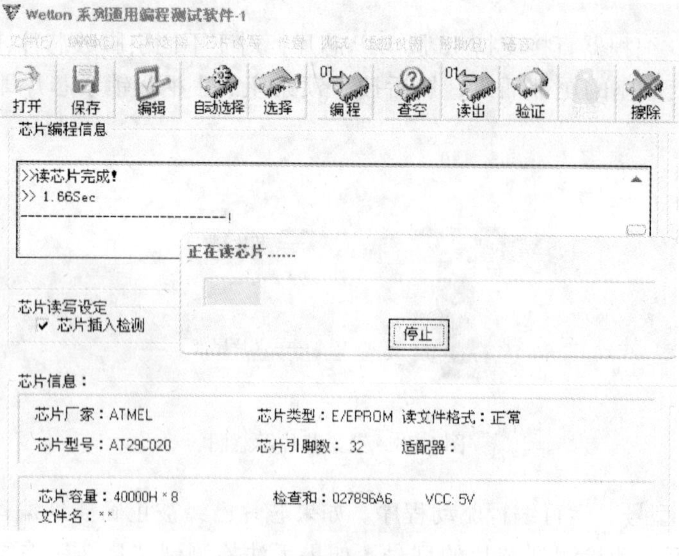

图 6-30 读取芯片资料界面

如果在编程时出现如图 6-31 的引脚错误信息提示，红色就表示芯片对应的引脚与编程器接触不良。如使用转接座，则应检查转接座，否则是芯片已经损坏或引脚有污物。

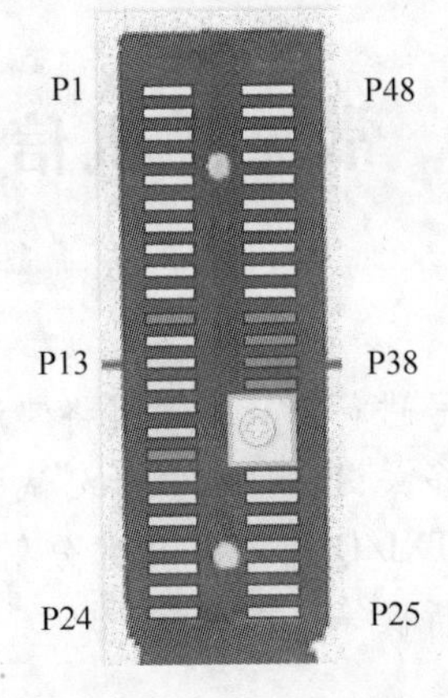

图 6-31　引脚错误信息提示

6.3　习题

1. 长期不用的仪器为什么一定要定期通电？
2. 当使用万用表检查电阻时，为什么要关断电源、且应焊下电阻的一端？
3. 如何用数字万用表找出晶体管的 B、E、C 极？
4. 当使用示波器时，荧光屏上的波形为什么会不稳定？若波形左右移动，则是什么原因造成的？
5. 示波器的“扫描时间”代表什么意义？如何调整扫描时间？
6. 示波器使用前如何校准？
7. 在测量手机中的哪些信号时必须使用频谱分析仪？
8. 手机综合测试仪可以帮助我们测量手机的哪些指标？

第7章　常见手机信号测量

本章内容

在维修手机中，需要对某些信号进行测量，通过将实测波形与图样上的标准波形进行比较才能确定故障。手机电路中有很多关键测试点，如测试脉冲供电信号、时钟信号、数据信号、系统控制信号、RXI/Q 信号、TXI/Q 信号以及部分射频电路的信号等，需要用到万用表、数字频率计、示波器或频谱分析仪等仪器。

7.1　控制信号的测量

7.1.1　常见射频控制信号的测量

1. 接收使能（RXON）信号和发射使能（TXON）信号

RXON 是接收机启动信号，TXON 是发射机启动信号，如果这两个信号测不出来，就说明手机的软件或 CPU 有问题；如果可以测出这两个信号，就说明手机的收/发信机有问题。

测量 RXON、TXON 信号需要使用数字存储示波器，测试时要拨打“112”以启动接收和发射电路。测出的 TXON 信号的波形如图 7-1 所示。

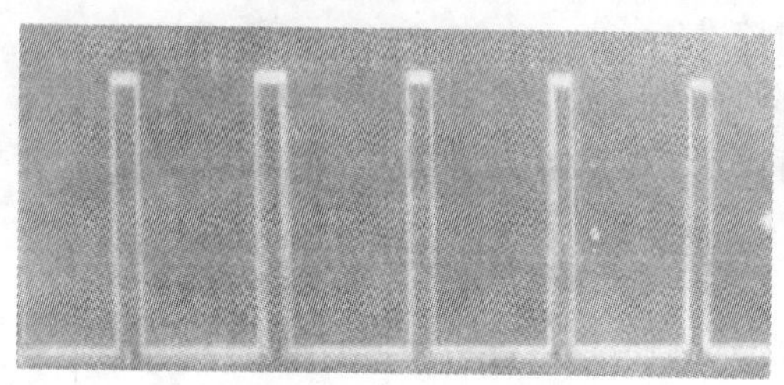

图 7-1　测出的 TXON 信号的波形

2. 发射压控振荡器（TXVCO）控制信号

当手机出现不入网、无发射故障时，可经常测量发射 VCO 的控制信号，以圈定故障范围。TXVCO 控制信号为一脉冲信号，在发射变频电路中，TXVCO 输出的信号一路到功率放大电路，另一路 TXVCO 信号与 RXVCO 信号进行混频，得到发射参考中频信号；发射已调中频信号与发射参考中频信号在发射变换模块中的鉴相器中进行比较，再经一个泵电路（一个双端输入，单端输出的转换电路），输出一个包含发送数据的脉动直流控制电压信号，去控制 TXVCO 电路，形成一个闭环回路，这样，由 TXVCO 电路输出的最终发射信号就十分稳定。TXVCO 控制信号如图 7-2 所示。

图 7-2　TXVCO 控制信号

3. 频率合成器数据（SYNDAT）信号、时钟（SYNCLK）信号和使能（SYNEN）信号

CPU 通过“三总线”（即 CPU 输出的 SYNDAT、SYNCLK 和 SYNEN 信号）对锁相环发出改变频率的指令，在这 3 条线的控制下，锁相环输出的控制电压就会改变，用这个已变大或变小了的电压去控制压控振荡器的变容二极管，就可以改变压控振荡器输出的频率。“三总线”正常的波形如图 7-3 所示。

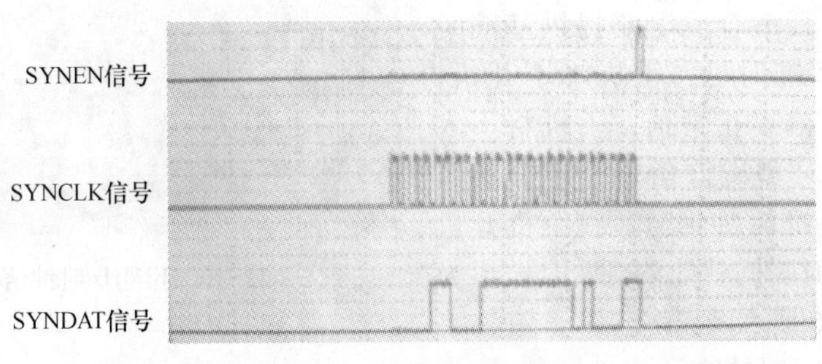

图 7-3　“三总线”正常的波形

7.1.2　常见逻辑控制信号的测量

在逻辑电路中，与 CPU 联系最密切的是各种存储器，CPU 与各存储器之间通过数据总线、地址总线和控制总线相连接。CPU 在存储器的支持下完成系统控制和数据处理。对存储器的主要控制信号有 CE 或 CS（片选）、OE 或 DE（读允许）、WE（写允许）、RST 复位等。

1. 电源复位信号

复位信号在手机中常用 RESET、RST、PURX 等来表示，它是手机开机的必要条件之一，这是一个电平信号。电源复位信号如图 7-4 所示。

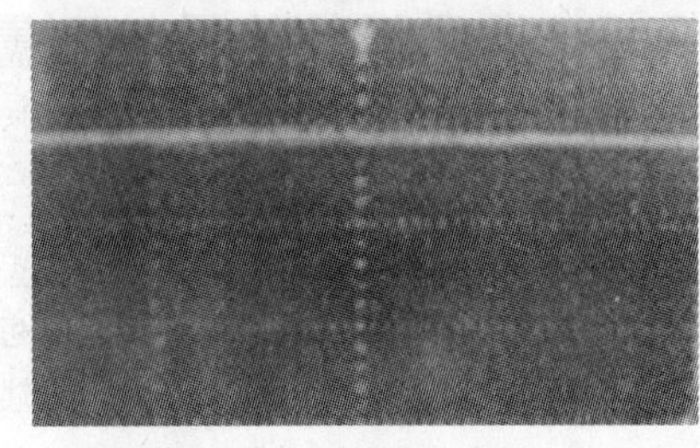

图 7-4　电源复位信号

2. 写允许信号和读允许信号

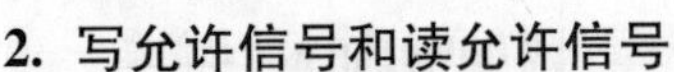

CPU 对存储器的读/写控制信号如图 7-5 所示。

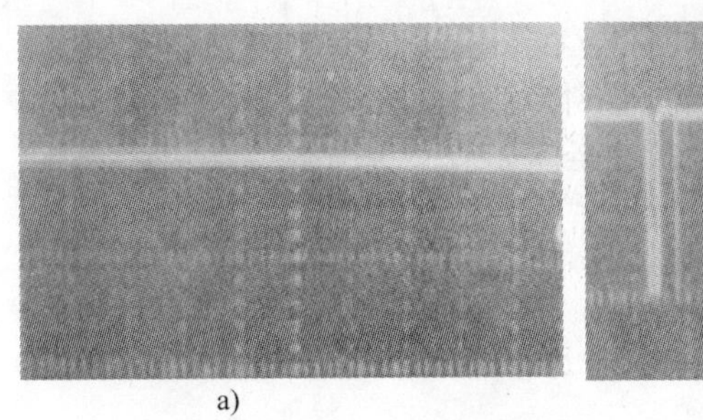

a)

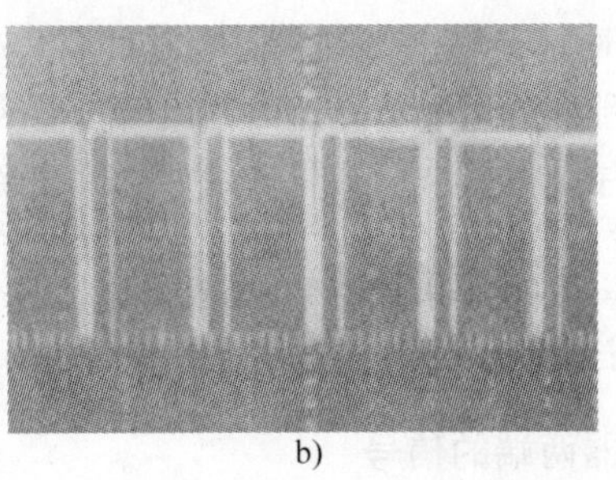

b)

图 7-5　CPU 对存储器的读/写控制信号

a）写允许信号　b）读允许信号

7.2 时钟信号的测量

1. 13MHz 时钟信号

手机基准时钟振荡电路产生的 13MHz 时钟，一方面为手机逻辑电路提供了必要条件，另一方面为频率合成电路提供基准时钟。无 13MHz 基准时钟，手机将不开机；13MHz 基准时钟偏离正常值，手机将不入网。因此，维修时测试该信号是十分重要的。对 13MHz 基准时钟信号，在手机开机后或者开机触发时瞬间就能测到，其波形为正弦波，如图 7-6 所示。

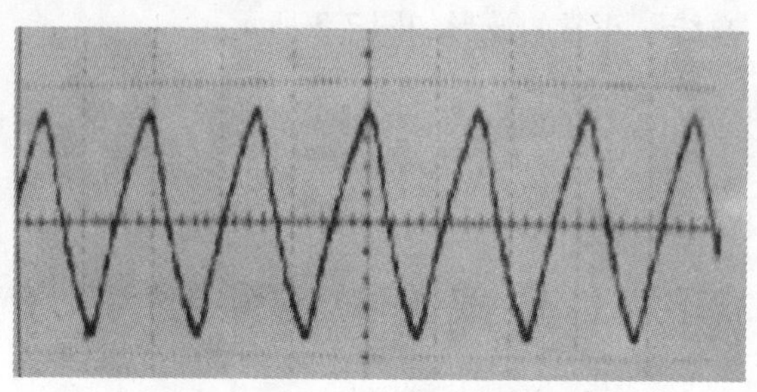

图 7-6　13MHz 时钟信号的波形

2. 32.768kHz 时钟信号

32.768kHz 时钟信号作为系统的实时时钟信号，提供给时钟、蓝牙、红外传输、摄像头等电路使用。如果无此时钟信号，则手机出现无时间显示、入网难、不开机和待机不正常等故障。此信号可用示波器或数字频率计来测量，其波形也为正弦波。

7.3 常见低频信号的测量

7.3.1 I/Q 信号的测量

在维修手机不入网故障时，通过测量接收机解调电路输出的接收 RXI/Q 信号，可快速判断出是射频接收电路故障还是基带单元故障。用示波器可方便地测量，所需要的接收信号是在脉冲波的顶部。若能看到该信号，则说明解调电路之前的电路基本没问题。

发射调制信号一般有 4 个，也就是常说到的 TXI/Q 信号，它是在发射电路基带部分对信号进行处理后需要发射的信号。

当使用普通的模拟示波器测量 TXI/Q 信号时，将示波器的时基开关旋转到最长时间/格，拨打“112”。如果能打通“112”，这时候就可以看到一个光点从左到右移动；如果不能打通“112”，瞬间就会看到波形一闪。TXI/Q 信号的波形如图 7-7 所示。

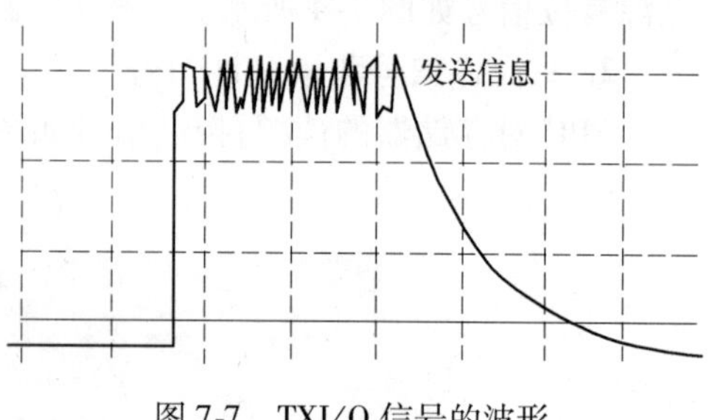

图 7-7　TXI/Q 信号的波形

7.3.2 语音信号的测量

1. 受话器两端的信号

手机要在受话时，用示波器可以方便地在受话器两端测到音频波形。受话器两端的信号的波形如图 7-8 所示。

2. 脉宽调制信号（PWM）

在手机中脉宽调制信号不多。脉宽调制信号的特点是，其波形一般为矩形波，脉宽占空比不同，经外电路滤波的电压也不同。此信号也能方便地用示波器进行测量。脉宽调制信号的波形如图 7-9 所示。

图 7-8 受话器两端信号的波形

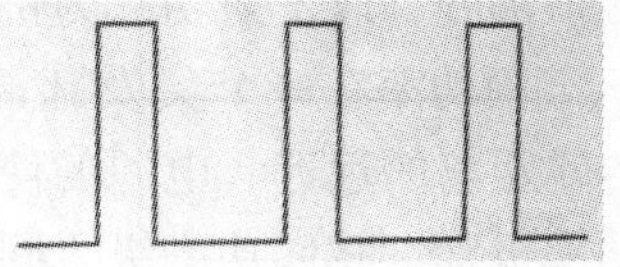

图 7-9 脉宽调制信号的波形

7.4 射频性能测试

7.4.1 射频性能参数

1. 手机的主要射频性能参数

1）发射功率等级（TX power level）。
2）频率误差（frequency FER）。
3）相位误差（Phase PER）。
4）射频频谱（RF Spectrum）。
5）开关谱（Switch Spectrum）。
6）接收灵敏度（RX Sensitivity）。
7）调制谱（Modulation Spectrum）。

2. 测试系统需要的主要设备

1）手机综合测试仪。
2）通信专用电源。
3）手机夹具等。
4）测试开发软件（Labview）或 VB 等，使用 Labview 快速方便。

3. 测试过程

实际测量系统的工作过程是：首先将手机开机，寻找与基站控制器（CMU）之间的频率同步；然后对电源（PS）与 CMU 进行初始化；初始化正确完成后在移动业务交换中心（MSC）上注册手机串号（IMSI）号；建立移动台（MS）对基站（BS）的呼叫；当呼叫成功时，开始测量手机 GSM900 参数；先测量信道 1 三个功率等级（Lv5、Lv10、Lv15）的发射功率；若符合标准，则进入信道 1 的频率误差（FER）与相位误差（PER）测量；按同样的步骤测量信道 62、123 的发射功率、FER 与 PER；测量 GSM900 的调制谱（Modulation Spectrum）开关谱（Switch Spectrum）；从 GSM900 切换到 DCS1800；测量信道 512、698、885 的各发射功率及 FER、PER、Modulation Spectrum 和 Switch Spectrum；在测量过程中，如果有任何参数不符合标准，就立即会显示错误（FAIL）并生成报告退出。全部测试完毕显示 PASS，并生成报告退出。

程序处理的主要部分包括“获取测试设备”、“初始化 CMU”、“建立呼叫”、“取得信令状态，直到 CMU 与手机同步”、“执行测试项”、“结束呼叫”。获取测试设备时对 GSM900 和 DCS1800 分别分配设备句柄（设定 GPIB 地址），以便完成在两种标准下的测试。CMU 在完成初始化之后，呼叫移动台并建立连接后即可执行测试。

在执行测试部分，以发射功率为例说明其处理过程。发射功率（即发射机载频峰值功率）是发射机载频功率在一个突发脉冲的有用信息比特时间上的平均值，其大小直接关系到手机信号传输距离的远近、电源的使用时间和对其他移动台的影响。根据最大功率将移动台分为若干功率级别，相邻功率级之间相差 2dB。

7.4.2 射频综合测试

1. 测试频率误差和相位误差

（1）测试条件

1）将综合测试仪设置为 GSM 工作模式。

2）在手机中插入 GSM 测试卡。

（2）测试步骤

1）将手机与综合测试仪建立一个分组通信（TCH 设置为 1，功率控制等级设置为 5）。

2）综合测试仪指令手机以最多的时隙发射，测试发射信号的频率误差和相位误差。

3）将功率等级分别设置为 10、15、19，重复步骤 2）的测试。

4）将 TCH 分别设置为 62、124，重复步骤 2）、3）的测试。

5）将手机切换到 DCS 频段，TCH 设置为 513，功率控制等级设置为 0。

6）综合测试仪指令手机以最多的时隙发射，测试发射信号的频率误差和相位误差。

7）将功率等级分别设置为 5、10、15，重复步骤 6）的测试。

8）将 TCH 分别设置为 698、885，重复步骤 6）、7）的测试。

（3）测试说明

需根据手机支持的 Class 等级，配置相应的工作时隙。

2. 测试发射功率和脉冲包络定时

（1）初始测试条件

1）将综合测试仪设置为 GSM 工作模式。

2）在手机中插入 GSM 测试卡。

（2）测试步骤

1）将手机与综合测试仪建立一个分组通信（TCH 设置为 1，功率控制等级设置为 5）。

2）综合测试仪指令手机以最多的时隙发射，测试发射信号的发射功率和脉冲包络定时。

3）将功率等级分别设置为 10、15、19，重复步骤 2）的测试。

4）将 TCH 分别设置为 62、124，重复步骤 2）、3）的测试。

5）将手机切换到 DCS 频段，TCH 设置为 513，功率控制等级设置为 0。

6）综合测试仪指令手机以最多的时隙发射，测试发射信号的发射功率和脉冲包络定时。

7）将功率等级分别设置为 5、10、15，重复步骤 6）的测试。

8）将 TCH 分别设置为 698、885，重复步骤 6）、7）的测试。

（3）测试说明

需根据手机支持的 Class 等级，配置相应的工作时隙。

3. 测试发射输出频谱

测试步骤

1）将手机与综合测试仪建立一个分组通信（TCH 设置为 1，功率控制等级设置为 5）。

2）综合测试仪指令手机以最多的时隙发射，测试发射信号的调制谱和开关谱。

3）将功率等级分别设置为 10、15、19，重复步骤 2）的测试。

4）将 TCH 分别设置为 62、124，重复步骤 2）、3）的测试。

5）将手机切换达到 DCS 频段，TCH 设置为 512，功率控制等级设置为 0。

6）综合测试仪指令手机以最多的时隙发射，测试发射信号的调制谱和开关谱。

7）将功率等级分别设置为 5、10、15，重复步骤 6）的测试。

8）将 TCH 分别设置为 698、885，重复步骤 6）、7）的测试。

4. 测试多隙接收能力

（1）初始测试条件

1）将综合测试仪设置为 GSM 工作模式。

2）在手机中插入 GSM 测试卡。

（2）测试步骤

1）TE 在静态传播条件下发送分组数据包，在所有分配时隙上使用 MS 支持的最高速率的编码方式编码（CS-4/3/2/1），电平设置为所需的电平。在没有分配给 MS 的时隙上，电平设置为所需电平加 20dB。

2）将手机与综合测试仪建立一个分组通信，功率控制等级设置为最大。

3）综合测试仪指令手机进行 BLER 测试。

4）将手机切换到 DCS 频段，重复上述测试。

5）将编码方式分别设置为 CS1 ~ CS4，重复上述测试。

（3）测试说明

测试需在屏蔽房中进行。

7.5 习题

1. 检测射频信号的最佳测试仪器是（　　）。

A. 频率计　　B. 示波器　　C. 频谱分析仪　　D. 万用表

2. 有关频率计的正确描述是（　　）。

A. 频率计可以检测到微弱的射频信号

B. 当存在多个射频信号时，频率计显示的信号频率包括所有的信号

C. 一般的频率计适用于检测 1GHz 以下的不连续波的无线射频信号

D. 以上都不对

3. 有关示波器的正确描述是（　　）。

A. 示波器可以检测 GSM、CDMA、WCDMA、TD-SCDMA 等手机的射频信号

B. 示波器可以测试信号的频率、幅度

C. 示波器测试信号频率的精度很高

D. 以上都不对

4. 关于信号的正确描述是（　　）。

A. 两个信号的频率相同，则其幅度也相同

B. 两个信号的频率相同且幅度也相同，则其相位相同

C. 两个信号的频率相同、幅度相同且相位也相同，则它们为同一信号

D. 以上都不对

5. 描述无线射频信号通常可以采用以下参数（　　）。

A. 频率　　B. 幅度　　C. 相位　　D. 功率

6. 描述无线射频信号 3 个基本参数为（　　）。

A. 频率　　B. 幅度　　C. 相位　　D. 功率

7. 关于信号频谱正确的描述是（　　）。

A. 信号所含各谐波的振幅、相位随频率的变化关系图称为信号的频谱图，简称频谱

B. 分析射频信号通常需要进行信号频谱分析

C. 信号频谱的检测只有频谱分析仪可以完成

D. 以上都不对

8. 关于射频信号正确的描述是（　　）。

A. 射频信号的基本单位是 MHz

B. 射频信号通常指频率范围为 30MHz ~1GHz 的信号

C. 1 ~30GHz 的信号称为微波

D. 频率 30GHz 以上的信号称为毫米波

第8章　手机元器件的拆卸和焊接方法

学习指导

在对有故障的手机进行维修时，需要维修人员有良好的焊接技能。手机上所用的元器件不同于其他家用电器产品，在对元器件进行更换或重新焊接时，需要用到专用的维修工具。本章介绍手机维修用的焊接工具的使用方法以及不同封装芯片的拆卸、安装、重焊的方法。

8.1　手机维修用拆卸和焊接工具

在拆装电阻、电容、晶体管等小元器件时，一般使用恒温电烙铁或热风枪。下面简单介绍恒温电烙铁和热风枪的使用方法及注意事项。

8.1.1　恒温电烙铁

恒温电烙铁（936型）有防静电的（一般为黑色）的和不防静电（一般为白色）的两种。一般选用防静电恒温电烙铁，如图8-1所示。这种电烙铁采用断续加热，比一般电烙铁省电，且升温速度快，电烙铁头温度恒定，在焊接过程中焊锡不易氧化，焊接质量较高。电烙铁头也不会产生过热现象，使用寿命较长。

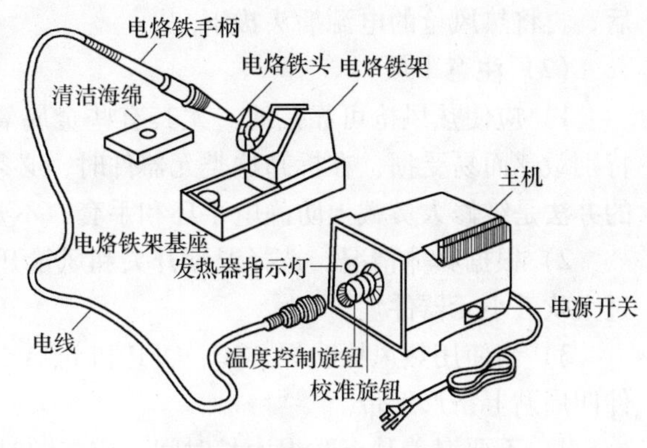

图8-1　防静电恒温电烙铁

（1）使用方法

1）将电烙铁电源插头插入电源插座，打开电烙铁电源开关。

2）将电烙铁的温度开关分别调节在200℃、250℃、300℃、350℃、400℃、450℃，加热指示灯闪烁。待加热指示灯不闪烁时即达到设定温度，用电烙铁去触及松香和焊锡，观察电烙铁的温度情况。

3）使用完毕，关上电烙铁的电源开关，并拔下电源插头。

（2）注意事项

1）应使防静电恒温电烙铁可靠接地，以防止工具上的静电损坏手机上的精密元器件。

2）根据焊接工作的不同，应及时调整适合的温度，温度不能过高也不宜过低。一般在设定电烙铁头的温度时，要求在焊锡熔点温度的基础上增加100℃左右。恒温电烙铁前面板的温度开关有两组刻度，一组为摄氏度，一组为华氏温度。

3）应准备一块浸水海绵，及时清理电烙铁头，并定时给电烙铁上锡，防止损坏电烙铁头。

4）长时间不用电烙铁时，应当关闭电源或将温度旋钮调至最低，以防止长时间空烧损坏电烙铁头。

8.1.2 热风枪

热风枪是用来拆卸集成芯片和贴片元器件的专用工具，热风枪的热风筒内装有电热丝，软管连接热风筒和热风台内置的吹风电动机。当按下热风台前面板上的电源开关时，电热丝和吹风机同时工作，电热丝被加热，吹风机压缩空气，通过软管从热风筒前端吹出来。热风枪实物图如图 8-2 所示。

图 8-2 热风枪

（1）使用方法

1）打开热风枪电源开关。

2）在热风枪喷头前 10cm 处放置一纸条，调节热风枪风速开关（AIR），当热风枪的风速在 1~8 档变化时，观察热风枪的风力情况。

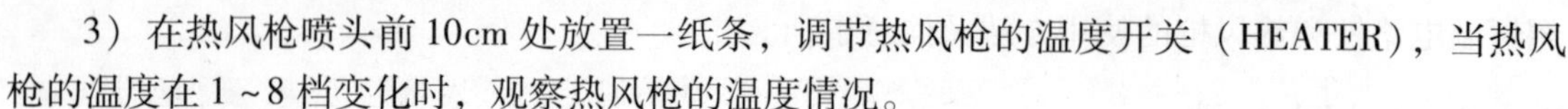

3）在热风枪喷头前 10cm 处放置一纸条，调节热风枪的温度开关（HEATER），当热风枪的温度在 1~8 档变化时，观察热风枪的温度情况。

4）使用完毕后，将热风枪电源开关关闭，此时热风枪将向外继续喷气，在喷气结束后，再将热风枪的电源插头拔下。

（2）注意事项

1）应使热风枪可靠接地。尤其有些金属氧化物互补型半导体（CMOS）对静电或高压特别敏感而易受损，在拆卸这类元器件时，必须将其放在防静电的台子上。抑制静电最有效的办法是维修人员戴上防静电手环和手套，不要穿尼龙衣服等易带静电的服装。

2）根据具体情况，选择温度开关和风量开关的位置，避免温度过高损坏元器件或风量过大吹丢小元器件。

3）当使用热风枪吹焊 SOP、QFP 和 BGA 封装的片状元器件时，初学者可以在被焊元器件四周贴上条形纸带。

4）不要对着某点吹焊太长时间，应按顺时针的方向均匀转动手柄，以防止加热不均导致元器件鼓裂。

5）禁止用热风枪吹接插件的塑料部分。禁止用热风枪吹灌胶集成块，应当先除胶，以免损坏集成块或板线。

6）吹焊完毕应及时关掉热风枪的电源，以避免持续高温而降低手柄的使用寿命。热风枪的热风筒倒立时，吹风机就停止工作，此时没有热风吹出，有利于延长使用寿命。

8.2 电阻、电容、晶体管等小元器件的拆卸和焊接方法

8.2.1 拆卸和焊接前的准备

拆卸和焊接小元器件前要准备好以下工具。

1）热风枪。用于拆卸和焊接小元器件。

2）电烙铁。用于焊接或补焊小元器件。

3）镊子。拆卸时将小元器件夹住，在焊锡熔化后将小元器件取下，焊接时用于固定小元器件。

4）带灯放大镜。便于观察小元器件的位置。

5）手机维修平台。用以固定电路板。维修平台应可靠接地。

6）防静电手腕。戴在手上，用以防止人身上的静电损坏手机元器件。

7）小刷子、吹气球。用于将小元器件周围的杂质吹跑。

8）助焊剂。将助焊剂加入小元器件周围，便于拆卸和焊接。可选用焊油或松香水（酒精和松香的混合液），要求腐蚀性小、无残渣免清洗。

9）无水酒精或天那水。用以清洁电路板。

10）焊锡。焊接时使用，可选用直径为 0.5 ~ 0.8mm 的活性焊锡丝，也可以使用焊锡浆。

8.2.2 小元器件的拆卸

1）在用热风枪拆卸小元器件之前，一定要将手机电路板上的备用电池拆下（特别是备用电池离所拆元器件较近时），否则，备用电池很容易受热爆炸，造成危险。

2）将电路板固定在手机维修平台上，打开带灯放大镜，仔细观察欲拆卸的小元器件的位置。

3）用小刷子将小元器件周围的杂质清理干净，往小元器件上加注少许松香水或松香。

4）安装好热风枪的细嘴喷头，打开热风枪电源开关，调节热风枪温度开关至 2 ~ 3 档（280 ~ 300℃，对于无铅焊锡，将温度调到 310 ~ 320℃），调节风速开关至 1 ~ 2 档。右手用镊子夹住小元器件，左手拿稳热风枪手柄，使喷头与欲拆卸的小元器件保持垂直，距离为 2 ~ 3cm，在小元器件上均匀加热。喷头不可触及小元器件。

5）待小元器件周围焊锡熔化后，再将小元器件取下。

8.2.3 小元器件的焊接

（1）用热风枪进行焊接

1）用镊子夹住欲焊接的小元器件，将其放置到焊接的位置，注意要放正，不可偏离焊点。若焊点上焊锡不足，则可用电烙铁在焊点上加注少许焊锡。

2）打开热风枪电源开关，调节热风枪温度开关在 2 ~ 3 档，调节风速开关在 1 ~ 2 档。使热风枪的喷头与欲焊接的小元器件保持垂直，距离为 2 ~ 3cm，沿小元器件上均匀加热。待小元器件周围焊锡熔化后，移走热风枪喷头。

3）待焊锡冷却后移走镊子，用无水酒精将小元器件周围的松香清理干净。

（2）用电烙铁进行焊接

1）使恒温电烙铁与手机维修平台可靠接地，将手机固定在手机维修平台上，打开带灯放大镜，仔细观察欲安装或补焊的小元器件的位置。

2）打开恒温电烙铁开关，将温度调到 350 ~ 370℃。

3）在焊盘上涂敷助焊剂，并在基板上点一滴不干胶，用镊子将元器件粘放在预定的位置上。若焊点上焊锡不足，则应先镀锡，将电烙铁尖接触镀锡处 1 秒，然后再放焊料，待焊锡融化后立即撤回电烙铁。

4）擦拭电烙铁尖，保持电烙铁头清洁。先焊接元器件的一引脚，焊接时间要短，一般不超过2 秒，看到焊锡开始融化就立即抬起电烙铁头（在焊接过程中电烙铁头不要碰到其他元器件），然后再去焊接其他引脚。在安装钽电解电容时，要先焊接正极，后焊接负极，以免电容器损坏。焊接两端贴片元器件示意图如图 8-3 所示。

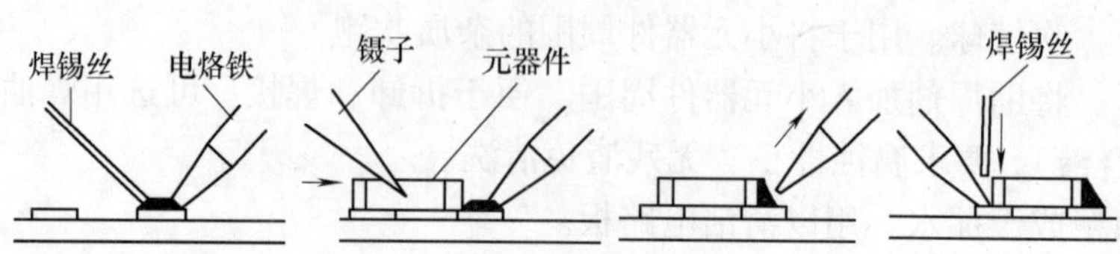

图 8-3　焊接两端贴片元器件示意图

5）完成焊接后，用无水酒精将小元器件周围的松香清理干净。用带灯放大镜仔细检查焊点是否牢固、有无虚焊现象。

用电烙铁也可以对只有两个引脚的贴片元器件进行拆卸，常采用轮流加热法，或用两把电烙铁直接将元器件抬下，其示意图如图 8-4所示。

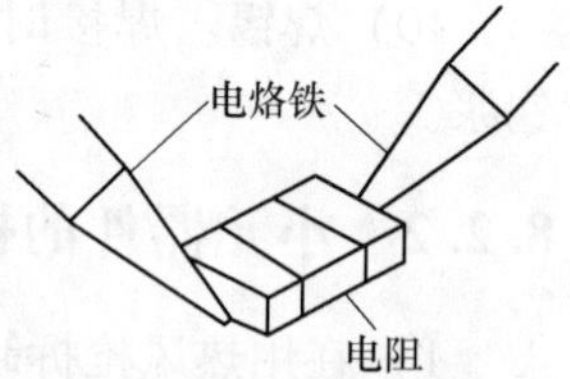

图 8-4　用两把电烙铁拆焊两端元器件示意图

8.3　SOP、QFP 等集成电路的拆卸和焊接方法

SOP 封装的集成电路通常是一些小规模集成电路，引脚数目（在 8 ~40 之间）比较少，引脚间距一般有 1.27mm、1.0mm、0.8mm、0.5mm 等，在手机码片、版本、字库、频率合成器、功放等集成电路中常采用这种封装形式，如图 8-5a 所示。

QFP 封装的集成电路四边都有引脚，通常是一些大规模的集成电路，引脚数最少为 28 脚，最多可达到 300 脚以上，引脚间距最小是 0.4mm 手机中的中频模块、数据处理器、音频模块、电源模块等都是这种封装形式，如图 8-5b 所示。

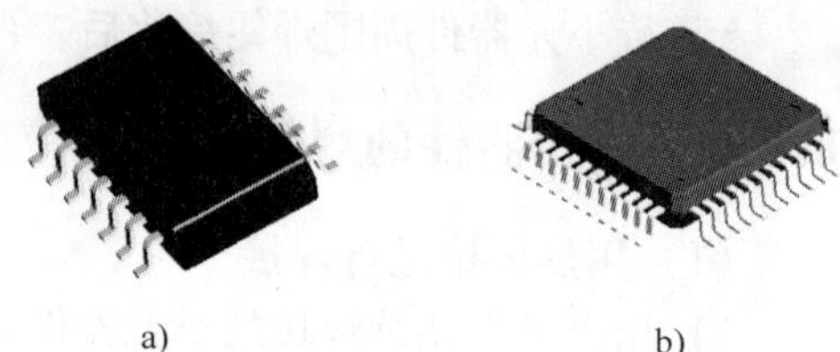

图 8-5　SOP、QFP 封装集成电路

a）SOP 封装集成电路　b）QFP 封装集成电路

对 SOP、QFP 封装集成电路的拆卸一般使用热风枪，焊接可以用热风枪也可以用恒温电烙铁。与手机中的一些小元器件相比，这些贴片集成电路相对较大，拆卸和焊接时可将热风枪的风速和温度调得高一些。

8.3.1　拆卸和焊接前的准备

拆卸和焊接 SOP、QFP 集成电路前要准备好以下工具。

1）热风枪。用于拆卸和焊接贴片集成电路。

2）电烙铁。用以补焊贴片集成电路虚焊的引脚和清理余锡。

3）镊子。焊接时便于将贴片集成电路固定。

4）医用针头。拆卸时可用于将集成电路掀起。

5）带灯放大镜。便于观察贴片集成电路的位置。

6）手机维修平台。用以固定电路板。维修平台应可靠接地。

7）防静电手腕。戴在手上，用以防止人身上的静电损坏手机元器件。

8）小刷子、吹气球。用以扫除贴片集成电路周围的杂质。

9）助焊剂。可用焊油或松香水（酒精和松香的混合液），将助焊剂加入贴片集成电路引脚周围，便于拆卸和焊接。

10）无水酒精或天那水。用以清洁电路板。

11）焊锡。焊接时用以补焊。

8.3.2 SOP、QFP 集成电路的拆卸

1）将手机电路板上的电池拆下。

2）将电路板固定在手机维修平台上，用带灯放大镜仔细观察欲拆卸集成电路的位置和方位，并做好记录，以便焊接时恢复。

3）用刷子将贴片集成电路周围的杂质清理干净，在贴片集成电路引脚周围加注少许松香水。

4）调好热风枪的温度和风速。温度开关一般调至 3～5 档，风速开关调至 2～3 档。当用单喷头拆卸时，应注意使喷头与所拆集成电路保持垂直，距离为 1～2mm，并沿集成电路周围引脚慢速旋转，均匀加热，喷头不可触及集成电路及周围的外围元器件，吹焊的位置要准确，且不可吹跑集成电路周围的外围小件。一次不要连续吹热风超过 20 秒，对同一位置使用热风不要超过 3 次。

5）待集成电路的引脚焊锡全部熔化后，用医用针头或手指钳将集成电路掀起或捏走，且不可用力，否则，极易损坏集成电路焊盘的锡箔。

8.3.3 SOP、QFP 集成电路的焊接

1）将焊接点用电烙铁整理平整，必要时，对焊锡较少焊点应进行补锡，然后，用酒精清洁干净焊点周围的杂质。

2）将更换的集成电路和电路板上的焊接位置对好，用带灯放大镜进行反复调整，使之完全对正。

3）先用电烙铁焊好集成电路的 3 个引脚，如图 8-6a 所示，将集成电路准确固定，再用热风枪吹焊四周或用恒温电烙铁逐脚焊牢，如图 8-6b 所示，焊接时，如果引脚之间发生焊锡粘连现象，如图 8-6c 所示，则可用电烙铁尖轻轻沿引脚向外刮抹除去粘连，如图 8-6d 所示。焊好后应注意冷却，不可立即去动集成电路，以免其发生位移。QFP 集成电路芯片焊接示意图如图 8-6 所示。

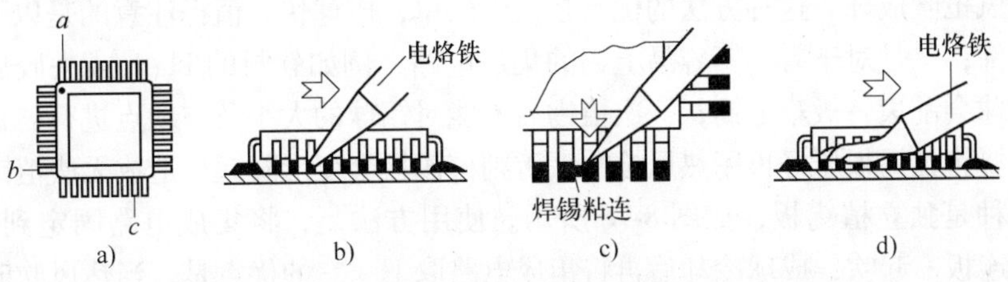

图 8-6　QFP 集成电路芯片焊接示意图

a）固定 3 个引脚　b）逐脚焊牢　c）出现粘连　d）除去粘连

4）冷却后，用带灯放大镜检查集成电路的引脚有无虚焊，若有，则应用恒温电烙铁进行补焊，直至全部焊接好为止。

5）用无水酒精将集成电路周围的助焊剂清理干净。

8.4 BGA 集成电路的拆卸和焊接安装方法

BGA 封装的集成电路（或称 BGA 芯片）在手机中起到核心元器件的作用，手机大多数故障与它有关。但集成电路真正损坏的极少，绝大多数是集成电路与电路板的连接被损坏，如虚焊或开焊。BGA 封装的芯片均采用精密的光学贴片仪器进行安装，误差只有 0.01mm，而在实际的维修工作中，大部分维修者并没有贴片机之类的设备，只能使用热风枪和电烙铁进行焊接安装，因此除了会熟练使用热风枪、BGA 置锡工具之外，还必须掌握一定的技巧和正确的拆卸和焊接方法。

8.4.1 拆卸和焊接安装前的准备

拆卸和安装 BGA 芯片前要准备好以下工具。

1）热风枪。用于拆卸和焊接 BGA 芯片。

2）电烙铁。用以清理 BGA 芯片及电路板上的余锡。

3）镊子。用于夹持 BGA 芯片。

4）医用针头。拆卸时用于将 BGA 芯片掀起。

5）带灯放大镜。便于观察 BGA 芯片的位置。

6）手机维修平台。用以固定电路板。维修平台应可靠接地。

7）防静电手腕。戴在手上，用以防止人身上的静电损坏手机元器件。

8）小刷子、吹气球。用以扫除 BGA 芯片周围的杂质。

9）助焊剂。建议选用盒装膏状的助焊剂，如图 8-7a 所示，它不仅助焊效果极好，对集成电路和 PCB 没有腐蚀性，而且其沸点仅稍高于焊锡的熔点，在焊接时焊锡熔化不久便开始吸热汽化，可使集成电路和 PCB 的温度保持在这个温度。也可选用松香水之类的助焊剂。

10）无水酒精或天那水。用以清洁电路板。用天那水（又名香蕉水）最好，天那水对松香助焊剂等有极好的溶解性。使用时要保持良好通风。

11）焊锡。焊接时用以补焊。

12）植锡板。用于 BGA 芯片植锡。有的植锡板把所有型号的 BGA 集成电路都集在一块大的连体植锡板上，如图 8-7b 所示。在使用时将锡浆涂抹到集成电路上后，就把植锡板压好，然后再用热风枪吹成球。这种方法的优点是操作简单，成球快。值得注意的是以下几点：一是锡浆不能太稀；二是对于有些不容易上锡的集成电路，例如软封的 Flash 或去胶后的 CPU，吹球的时候锡球会乱滚，极难上锡，一次植锡后不能对锡球的大小及空缺点进行二次处理；三是植锡时一定要将植锡板压好再用热风枪吹，否则植锡板会变形隆起，造成无法植锡。

还有一种是独立植锡板，如图 8-7c 所示。使用方法是，将集成电路固定到植锡板下面，刮好锡浆后连板一起吹，成球冷却后再将集成电路取下。它的优点是，当热风吹时植锡板基本不变形，一次植锡后若有缺脚或锡球过大、过小现象，则可进行二次处理，特别适合初学者使用。注意在选用植锡板时，应选用喇叭形、激光打孔的植锡板，要注意的是，目前市售的很多植锡板都不是激光加工的，而是化学腐蚀的，这种植锡板除孔壁粗糙不规则外，其网孔还没有喇叭形或出现双面喇叭形，这类植锡板在植锡时十分困难，成功率很低。

13）锡浆。用于植锡，要求锡浆颗粒细腻均匀，稍干较好。锡浆也可自制，可用热风枪将熔点较低的普通焊锡丝熔化成块，用细砂轮磨成粉末状后，再用适量助焊剂搅拌均匀后即可。

14）锡浆刮刀。如图 8-7d 所示，用于刮除锡浆。一般的植锡套装工具都配有钢片刮刀或胶条。

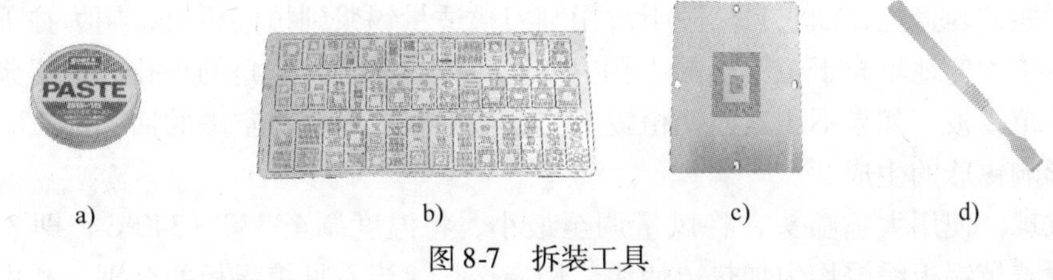

a)　b)　c)　d)

图 8-7　拆装工具

a）助焊剂　b）连体植锡板　c）独立植锡板　d）刮刀

8.4.2　BGA 芯片的拆卸

1）对 BGA 芯片进行定位。在拆卸 BGA 芯片之前，一定要搞清 BGA 芯片的具体位置，以方便焊接安装。在一些手机的电路板上，一般事先印有 BGA 芯片的定位框。如果没有，可以采用画线定位法：拆下集成电路之前用笔或针头在 BGA 集成电路的周围画好线，记住方向，做好记号，为重焊做准备。这种方法的优点是准确方便，缺点是用笔画的线容易被清洗掉，用针头画线若力度掌握不好，则容易伤及电路板。

还可以使用贴纸定位法，即拆下 BGA 芯片之前，先沿着集成电路的四边用标签纸在电路板上贴好，将纸的边缘与 BGA 芯片的边缘对齐，用镊子压实粘牢。这样，在拆下 BGA 芯片后，电路板上就留有标签纸贴好的定位框。在重装 BGA 芯片时，只要对着几张标签纸中的空位将 BGA 芯片放回即可。要注意选用质量较好、粘性较强的标签纸来贴，这样在吹焊过程中不易脱落。

2）在芯片四周放适量助焊剂，既可防止干吹，又可帮助芯片底下的焊点均匀熔化，不会伤害旁边的元器件。

3）使用大嘴喷头，一般将热量开关调至 3 ~ 4 档，风速开关调至 2 ~ 3 档，在芯片上方约 2.5cm 处做螺旋状吹，直到芯片底下的锡珠完全熔解为止，再用镊子轻轻托起整个芯片。

注意：一是在拆卸 BGA 集成电路时，要注意观察是否会影响到周边的元器件，如摩托罗拉 L2000 手机，在拆卸字库时，必须将 SIM 卡座连接器拆下，否则，很容易将其吹坏；二是如摩托罗拉 T2688、三星 A188、爱立信 T28 手机的功放及很多软封装的字库，这些 BGA 芯片耐高温能力差，吹焊时温度不易过高（应控制在 200℃以下），否则，很容易将它们吹坏。

8.4.3　BGA 芯片的焊接安装

1）使用电烙铁将电路板上多余的焊锡去除，可适当上锡使电路板的每个焊脚都光滑圆润（不能用吸锡线将焊点吸平）。然后再用天那水将芯片和主板上的助焊剂洗干净。注意不要刮掉焊盘上面的绿漆和焊盘。

2）植锡操作。用电烙铁将芯片上过大焊锡去除（注意最好不要使用吸锡线去吸，因为对于那些软封装的集成电路例如摩托罗拉的字库，如果用吸锡线去吸的话，就会使集成电路的焊脚缩进褐色的软皮里面，造成上锡困难），然后用天那水洗净。

将 BGA 芯片可靠固定。将集成电路对准植锡板的孔后（如果使用的是一边孔大一边孔小的植锡板，大孔一边就应该与集成电路紧贴），用标签贴纸将芯片与植锡板贴牢。

往芯片上刮锡浆。如果锡浆太稀，吹焊时就容易沸腾导致成球困难，因此锡浆越干越好，只要不是干得发硬成块即可。如果太稀，就可用餐巾纸压一压，吸干一点。可挑一些锡浆放在锡浆瓶的内盖上，让它自然晾干。用刮刀挑适量锡浆到植锡板上，用力往下刮，边刮边压，使锡浆均匀地填充于植锡板的小孔中。此时应注意芯片四角的小孔。上锡浆时的关键在于要压紧植锡板，如果不压紧而使植锡板与集成电路之间存在空隙的话，那么空隙中的锡浆就将会影响锡球的生成。

吹焊成球。使用大嘴喷头，将风量调至最小，将温度调至 330 ~ 340℃，即 3 ~ 4 档位。摇摆风嘴对着植锡板缓缓均匀加热，使锡浆慢慢熔化。当看见植锡板的个别小孔中已有锡球生成时，说明温度已经到位，这时应当抬高热风枪的风嘴，避免温度继续上升。过高的温度会使锡浆剧烈沸腾，造成植锡失败；严重的还会使集成电路过热损坏。如果在吹焊成球后，发现有些锡球大小不均匀，甚至有个别脚没植上锡，就可先用裁纸刀沿着植锡板的表面将过大锡球的露出部分削平，再用刮刀在锡球过小和缺脚的小孔中上满锡浆，然后用热风枪再吹一次即可。如果锡球大小还不均匀的话，就应重复上述操作直至理想状态。重植时，必须将置锡板清洗干净、擦干。

将 BGA 芯片有焊脚的那一面涂上适量助焊剂，用热风枪轻轻吹一吹，使助焊剂均匀分布于集成电路的表面，为焊接做准备。

3）定位 BGA 芯片。将植好锡球的 BGA 芯片按拆卸前的定位位置放到电路板上，同时，用手或镊子将集成电路前后左右移动，并轻轻加压。因焊盘和芯片两边的焊脚都是圆的，移动芯片时会有起伏的感觉，当移动到最高点时就对准了。对准后，涂在芯片引脚上的一点助焊剂有粘性，芯片不会移动。

4）对 BGA 芯片进行焊接。与植锡球时一样，使用大嘴喷头，调节至合适的风量和温度，让风嘴的中央对准集成电路的中央位置，缓慢加热。当看到集成电路往下一沉且四周有助焊剂溢出时，说明锡球已和电路板上的焊点熔合在一起。这时可以轻轻晃动热风枪使加热均匀充分，由于表面张力的作用，所以 BGA 芯片与电路板的焊点之间会自动对准定位。在加热过程中切勿用力按 BGA 芯片，否则会使焊锡外溢，极易造成脱脚和短路。在焊接完成后，用天那水将电路板洗干净即可。

8.5 习题

1. 恒温电烙铁由哪几部分组成？一般将其调节到多少度？
2. 如何使用热风枪？
3. 如何焊接电阻、电容等两脚小元器件？
4. 如何焊接 SOP 元器件？
5. BGA 芯片植锡有哪几步？
6. 在用热风枪大面积吹焊元器件时有哪些注意事项？

第3篇　手机维修技能

第9章　手机整机电路

学习指导

随着手机的不断更新换代，在不同品牌或者相同品牌不同型号之间，存在着软硬件的差异，不同厂家在手机的电路结构和所使用的芯片组上有所不同，其生产工艺和外形结构也不一样，但是其基本的电路功能都是类似的，都符合标准的规范，不同的手机产品都可以在所属的网络中使用。为了有针对性的维修，维修人员应该熟练掌握对手机电路图的读图技能。只有具备了良好的读图能力，维修人员才能够迅速掌握各种手机的软硬件特点，找到故障的维修方法。

手机的读图需要以电子技术知识为支撑，学习者应该具有一定的模拟电路、数字电路等相关的基础知识。

9.1　手机整机结构框图

9.1.1　手机整机结构框图概述

对手机整机电路的分析，遵循先进行模块化学习，再把各部分综合在一起进行整机分析的方法。

首先通过对手机整机框图的学习，了解手机的组成结构。手机整机结构框图如图9-1所示。无论是品牌不同还是制式不同，手机的整机结构框图都是相似的。手机的结构分为射频部分、逻辑部分和供电部分。

9.1.2　各部分的作用

下面按照手机整机结构框图中所示的结构介绍各个部分的功能和作用。

1. 射频部分

手机的射频部分由接收通路和发射通路两部分组成。

(1) 接收通路

接收通路指的是从天线到受话器的信号通路，其作用是将高频信号最终解调出声音信号。手机的接收电路采用的是超外差式接收方式，所以在接收电路中需要本振电路和混频电路。

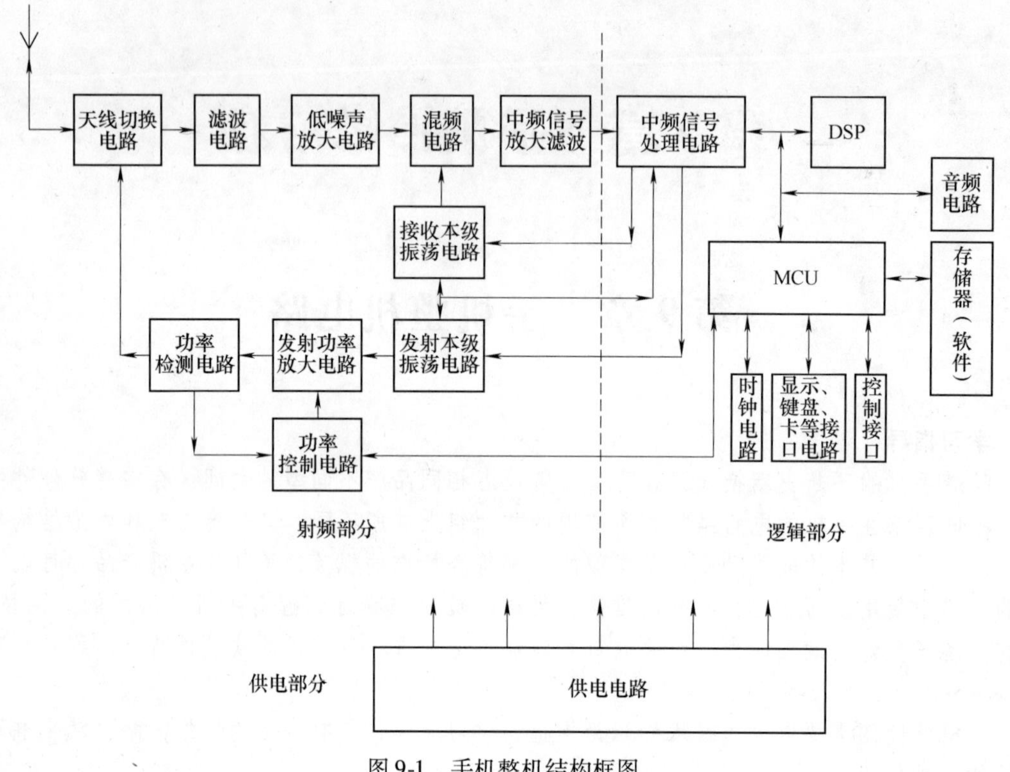

图 9-1 手机整机结构框图

1）天线切换电路。主要作用是进行接收与发射的切换。如是多频段手机，还起到频段的分离与合路的作用。

2）滤波电路。采用的是带通滤波器，只允许接收范围内有用的信号通过，把干扰信号等没有用的信号衰减掉。

3）低噪声放大器。采用高频小信号放大电路，将接收到的非常微弱高频信号进行放大。

4）接收本级振荡电路（简称接收本振电路）。采用晶体管自激振荡电路，具有频率的可调功能，产生一个比接收信号高或低一个中频的等幅度的振荡信号。根据信道的不同，产生相应的频率。

5）混频电路。把接收到的信号与接收本级振荡信号进行差频，得到中频信号。

6）中频信号放大滤波。将混频出来的中频信号进行放大，再通过滤波器进行滤波后送往中频处理电路。

7）在微控制单元（MCU）的控制下，中频信号进入中频信号处理电路和数字信号处理（DSP）电路进行处理得到音频信号，送入音频处理电路进行放大，驱动相应的发声器件。

（2）发射通路

发射通路是指从送话器到天线的信号通路，其作用是把音频信号进行调制最终放到载波上发射出去。

1）送话器的音频信号经过音频电路的放大进入中频信号处理电路，MCU 控制中频信号处理电路、DSP 电路把音频信号处理成需要发送的基带信号。

2）发射本级振荡电路（简称发射本振电路）。根据所使用的信道产生相应的高频载波，基带信号直接调制发射本级振荡信号，得到要发送的已调信号。

3）发射功率放大电路。把需要发送的信号放大到足够大的幅度，经过天线开关切换电路发送出去。

4）功率检测电路。把发送的信号耦合下来，将其量化成电平信号，送往 MCU。

5）功率控制电路。MCU 根据接收的信号强度，调整功率放大元器件的放大能力。

2. 逻辑电路

1）中央处理器。手机的主控器件，主要作用是运算、控制。

2）手机的存储器。分为程序存储器和数据存储器。在程序存储器中，可擦除可编程只读存储器（EPROM）存主程序监控程序；电可擦可编程只读存储器（EEPROM）存储国际移动身份识别（IMEI）、射频参数等。数据存储器的作用是存储工作中的随机数据。

3）显示电路。把显示数据信号送往显示屏。显示屏可分为单色、彩色，按照数据的传输方式有串行传输、并行传输两种方式。

4）键盘电路。一般采用矩阵形式的行列扫描。

5）射频接口。接收、发射基带的传输。

6）射频控制。接收发射使能、频段切换。

7）音频接口。A/D、D/A 音频放大。

8）控制接口。振动、背光灯。

9.2 射频电路构成

射频电路指的是电路工作在高频条件下，不同于普通的低频电路。手机的射频电路由接收电路和发射电路两部分组成。下面将以摩托罗拉 V998 和诺基亚 N3310 两款双频手机为例，介绍详细的电路结构。

9.2.1 接收电路

手机的接收电路主要由天线切换电路、滤波电路、低噪声放大电路、混频电路、接收本振电路、中频放大滤波电路、中频信号处理电路、音频处理电路、音频放大电路等组成。

1. 天线切换电路

天线切换电路的主要作用是进行接收与发射的切换，一般采用双工滤波器或者电子开关。如是多频段手机，还起到频段的分离与合路的作用。

V998 手机天线切换电路如图 9-2 所示。U101 为电子开关。10 脚接天线，接收信号从 5 脚（900MHz 频段接收信号）、6 脚（1800MHz 频段接收信号）输出，送往后级电路，发射信号从 1 脚输入。2 脚、9 脚受 MIX-275 和 PAC-275 信号的控制，使手机处于接收状态或是发射状态，4 脚、7 脚为接收频段控制，只允许 5 脚或 6 脚一个频段输出信号。

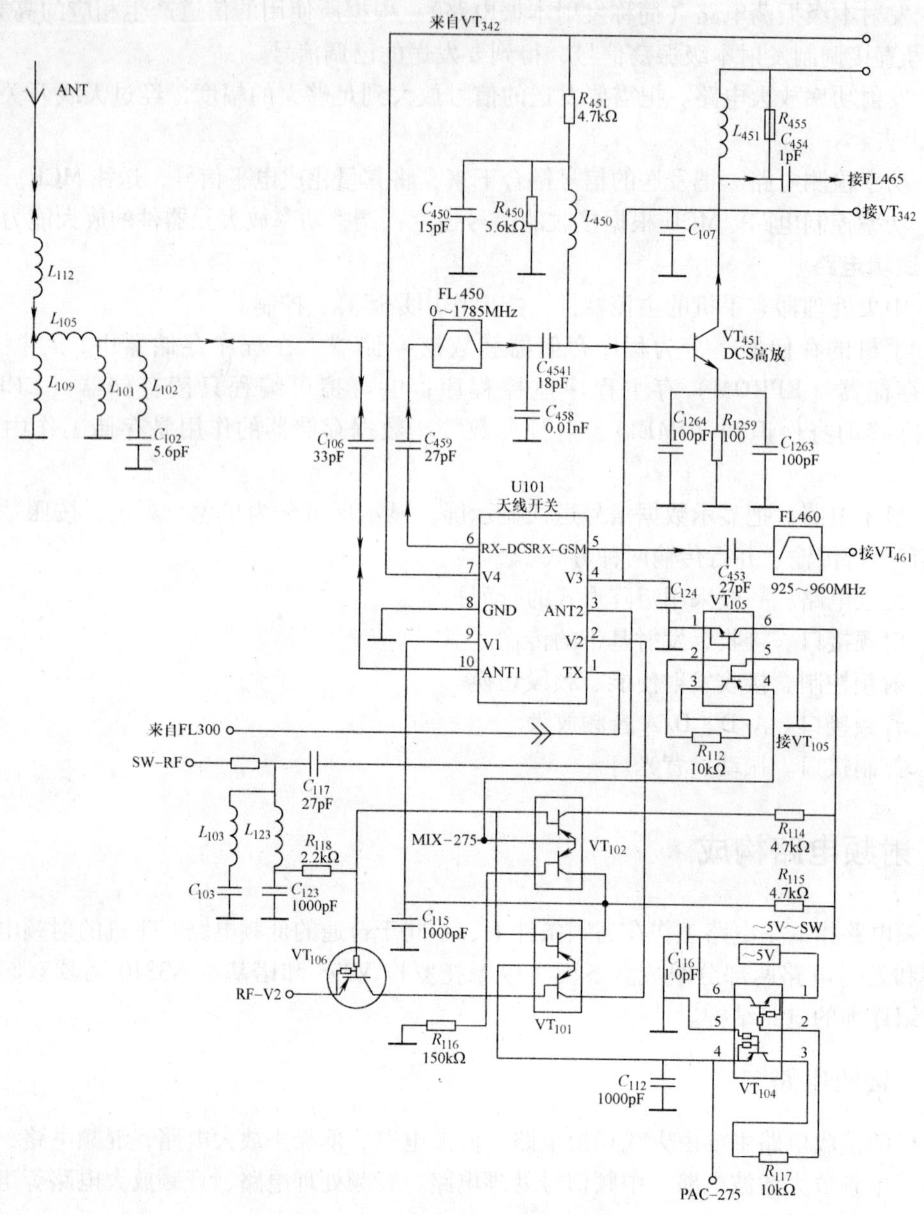

图 9-2　V998 手机天线切换电路

N3310 手机天线切换电路如图 9-3 所示。Z502 为天线切换开关，4 脚为接天线端，12 脚、14 脚为接收信号的输出端，8 脚、10 脚为发射信号的送入端，2 脚、16 脚为控制脚。当工作在接收状态时，由天线接收得到的 GSM 与 DCS 接收高频信号经 C_{593}耦合，送给 Z502 的 4 脚输入，在内部经接收双频切换，Z502 的 14 脚与 12 脚分别输出 GSM 与 DCS 接收高频信号，送入后级电路。8 脚、10 脚分别为发射高频信号输入端，16 脚、2 脚为接收发射控制和双频切换控制端。

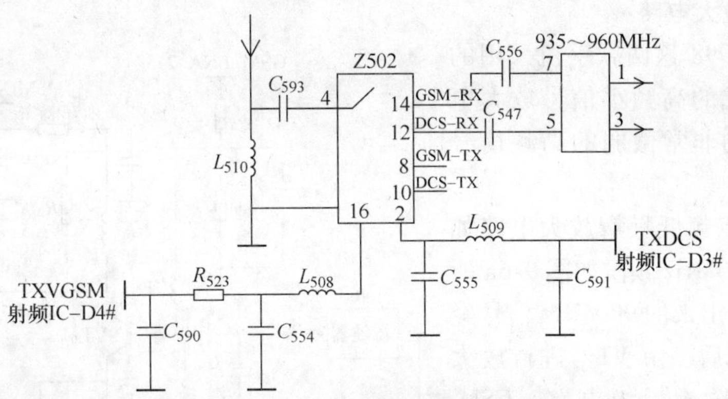

图 9-3　N3310 手机天线切换电路

2. 接收滤波电路

带通滤波器只允许该频段内的信号通过。图 9-4 所示为 V998 手机接收滤波电路。900MHz 通路如图 9-4a 所示，FL460、FL470 为 900MHz 频段的带通滤波器，只允许 925 ~ 960MHz 的信号通过，1800MHz 通路如图 9-4b 所示，FL450、FL465 为 1800MHz 频段的单通滤波器，只允许 1710 ~ 1785MHz 的信号通过。

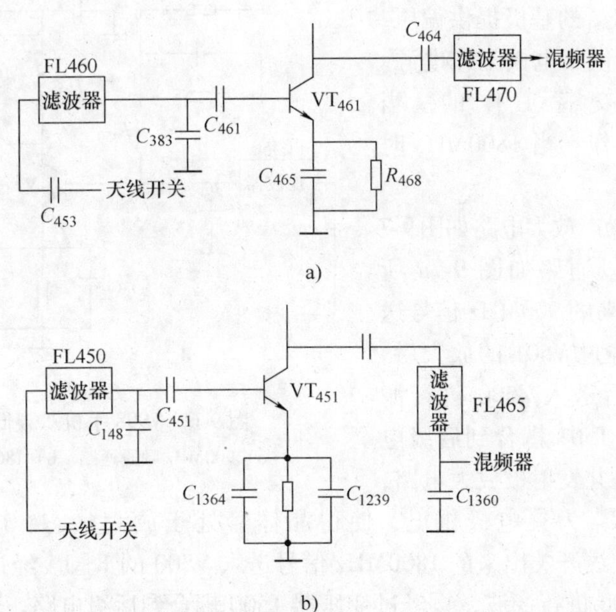

图 9-4　V998 手机接收滤波电路

a）900MHz 频段通路　b）1800MHz 频段通路

图 9-5 所示为 N3310 手机滤波电路。双频信号由 C_{556}、C_{547} 耦合，送给 Z501 的 7 脚、5 脚进行 GSM900M 与 DCS1800M 两个频段滤波；接收高频信号由 Z501 的 1 脚与 3 脚输出。

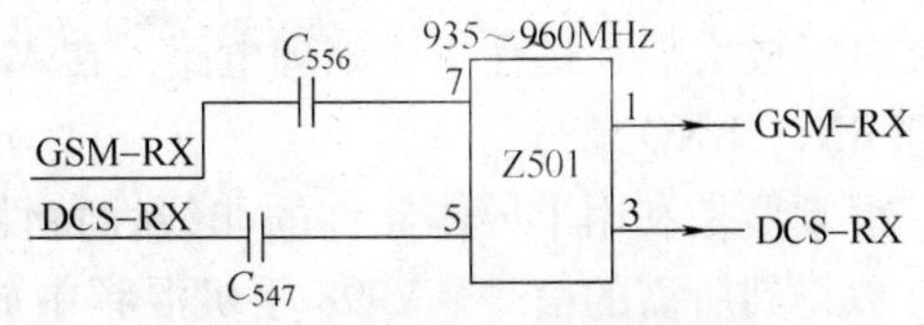

图 9-5　N3310 手机滤波电路

3. 低噪声放大电路

N3310 和 V998 这两款手机采用的都是晶体管组成的高频小信号放大电路，对接收到的非常微弱的高频信号进行放大。

V998 手机双频低噪声放大电路如图 9-6 所示。900MHz 频段如图 9-6a 所示，从天线开关出来的 900MHz 信号经 FL460 带通滤波后，由 VT_{461} 进行放大再经 FL470 后送入后级电路，GSM-LNA-275 给 VT_{461} 的基极提供偏压，MIX-275 给 VT_{461} 提供集电极工作电源。1800MHz 频段如图 9-6b 所示，1800MHz 信号经 FL450 带通滤波后，由 VT_{451} 进行放大再经 FL465 后送入后级电路，DCS-LNA-275 给 VT_{451} 的基极提供偏压，MIX-275 给 VT_{451} 提供集电极工作电源。VT_{461} 和 VT_{451} 是交替工作的，当 900MHz 时 VT_{461} 工作，当 1800MHz 时 VT_{451} 工作。

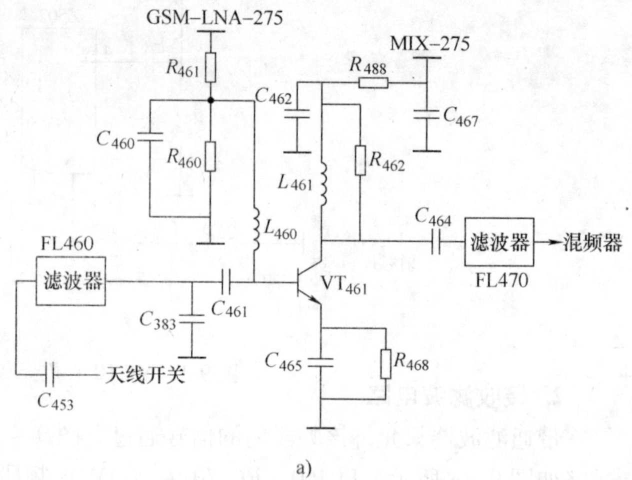

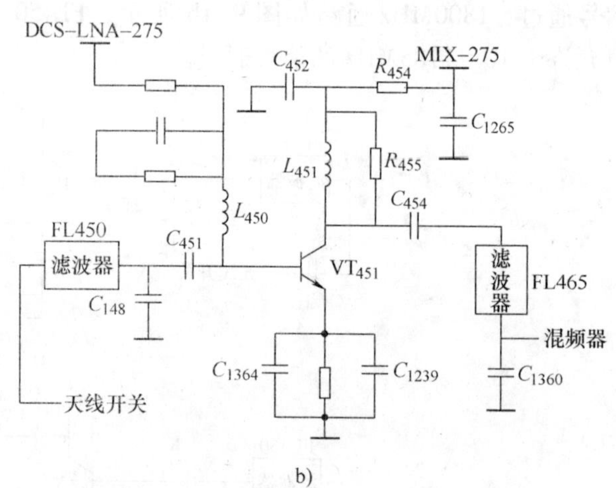

图 9-6　V998 手机双频低噪声放大电路
a）900MHz 频段通路　b）1800MHz 频段通路

N3310 手机低噪声放大电路如图 9-7 所示。900MHz 频段通路如图 9-7a 所示，从天线开关出来的 900MHz 信号送入 V501 的 2 脚。经过 V501 的放大后，经 C_{537}、C_{534} 耦合后送入 Z500 进行滤波，再经过变压器 T501 耦合到后级电路。V501 组成的是共发射极放大电路，R_{514} 为基极供电，R_{508} 为集电极供电，使得晶体管处于放大状态。1800MHz 频段通路如图 9-7b 所示，从天线开关出来的 1800MHz 信号送入 V500 的 1 脚。经过 V500 的放大后，经 C_{519} 耦合后送入 Z500 进行滤波，再经过变压器 T500 耦合到后级电路。V500 是一个小型的集成电路，内部是带偏置电路的晶体管放大电路。

4. 混频与解调电路

混频电路把接收到的信号与接收本级振荡信号进行差频，得到中频信号，经中频滤波器滤波进行放大后，送往中频处理电路。在 MCU 的控制下，中频信号由中频处理电路处理后得到 RXI、RXQ 信号。

混频器是利用半导体器件的非线性特性，将接收的射频信号与本振信号混合，取其差频，以得到所需的信号。V998 手机混频中放电路如图 9-8 所示。混频电路的核心元器件是由一个双晶体管 VT_{1254} 构成。1、2、6 脚的晶体管为 1800MHz 的混频晶体管，3、4、5 脚的晶体管为 900MHz 的混频晶体管，GSM-DCS-275 经电阻分压给混频器下方晶体管提供偏压，

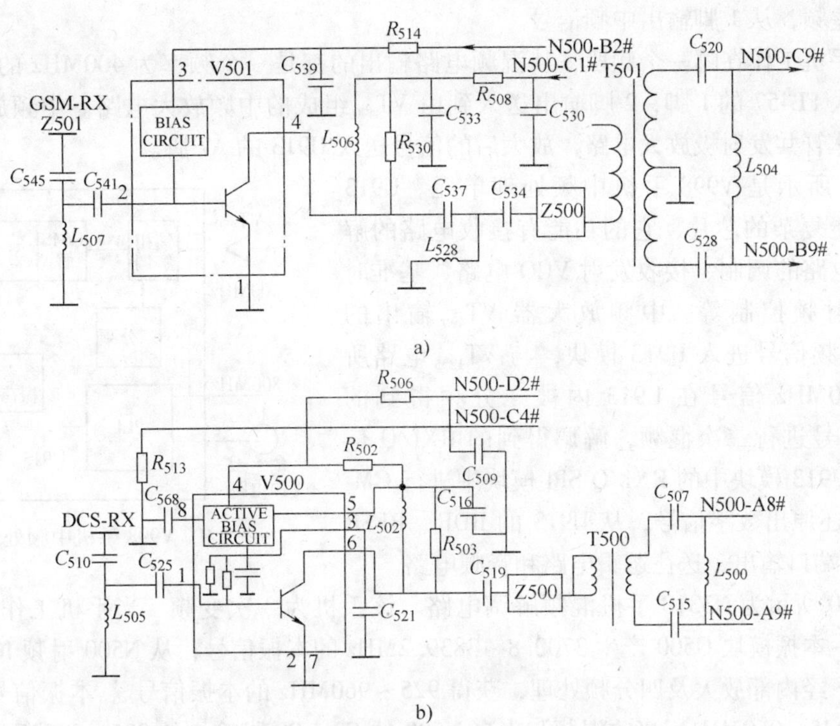

图 9-7　N3310 手机低噪声放大电路

a）900MHz 频段通路　b）1800MHz 频段通路

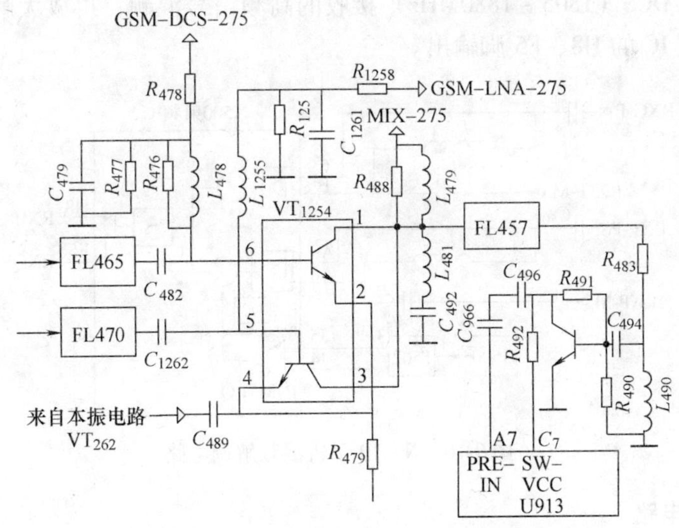

图 9-8　V998 手机混频中放电路

GSM-LNA-275 经电阻分压给混频器上方晶体管提供偏压，这两个晶体管是交替工作的，哪一个工作，取决于工作频段。当工作在 900MHz 频段时，来自于低噪声放大器的信号送入 VT_{1254}的 5 脚，与 4 脚来自于本振电路的信号进行差频，从 3 脚输出中频信号。当工作在 1800MHz 频段时，来自于低噪声放大器的信号送入 VT_{1254}的 6 脚，与 2 脚来自于本振电路的信号进行差频，从1脚输出中频信号。

无论手机工作在哪一个频段，从混频电路输出的都是一个频率为400MHz的中频信号，该信号送入FL457的1脚，2脚输出送入到由VT_{490}组成的中频放大电路。中频放大电路是典型的晶体管共发射极放大电路，放大后的信号送入U913的A7脚。

图9-9所示是V998手机中频处理单元。U913是一个功能复杂的芯片，它的功能有接收电路的解调、发射电路的调制、接收发射VCO电路、基准时钟电路、射频控制等。中频放大器VT_{490}输出的400MHz中频信号进入U913模块，与VT_{1255}电路所产生的800MHz信号在U913内被二分频得到的400MHz信号进行二次混频，解调得到的RXI/Q信号。再在U913模块中的RXI/Q SPI模块中进行GMSK解调，还原出数字信号，从U913的BDR、BFSR和BCLKR端口输出，送往逻辑电路和音频电路。

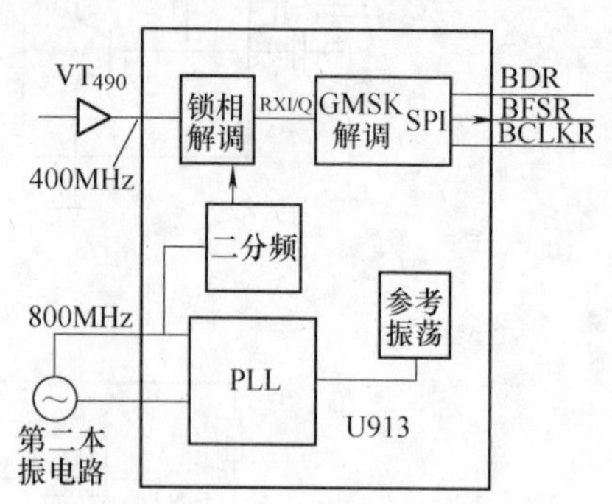

图9-9　V998手机中频处理单元

图9-10所示为N3310手机混频解调电路。该手机为一次变频。当手机工作在900MHz频段时，一本振模块G500产生3700.8~3839.2MHz的本振信号，从N500射频IC的J5、J4引脚输入，经内部放大及四分频处理，获得925~960MHz的本振信号。本振信号转成内部的GSM（925~960MHz）接收混频与来自N500的C9、B9脚输入的925~960MHz的接收的高频信号进行混频，再放大解调出接收I/Q信号，从射频IC输出。当手机工作在1800MHz频段时，一本振模块G500产生的本振信号，进入N500射频IC二分频后与来自N500的A8、A9脚输入的DCS（1805~1880MHz）接收的高频信号混频，再放大解调出接收I/Q信号，从N500射频IC的H8、F5脚输出。

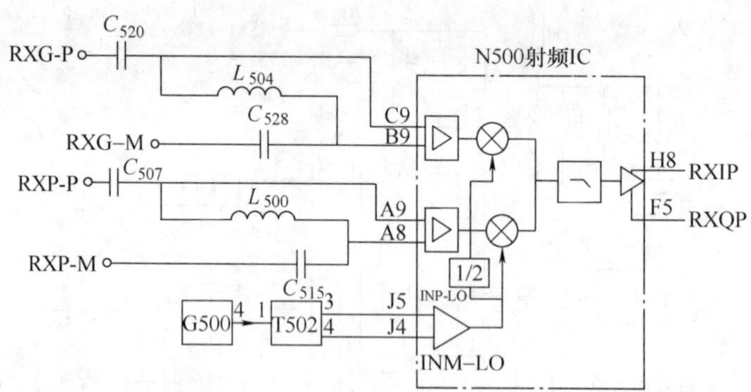

图9-10　N3310手机混频解调电路

5. 音频处理电路

V998手机音频处理流程如图9-11所示。从U913输出的信号送入到中央处理器U700中（U700内部包含有DSP处理单元）。在U700内部进行信道解码、去交织、提取控制信号等，U700输出数字语音信号送往电源及音频放大IC U900，在其内进行脉码调制（PCM）解码，将数字语音信号还原成模拟的放音信号，然后对其放大，在逻辑电路的控制下，输送到受话器。

N3310手机音频处理电路如图9-12所示。音频处理IC N100，主要完成音频处理的功能，其中包括GMSK调制与解调、数/模转换、模/数转换、音频放大等功能。另外，作为接

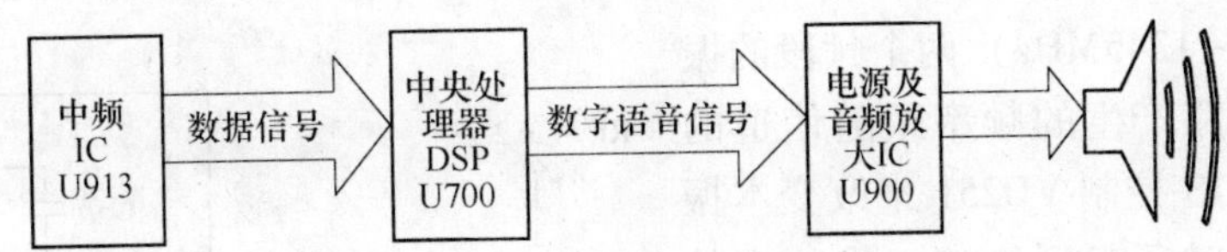

图 9-11　V998 手机音频处理流程

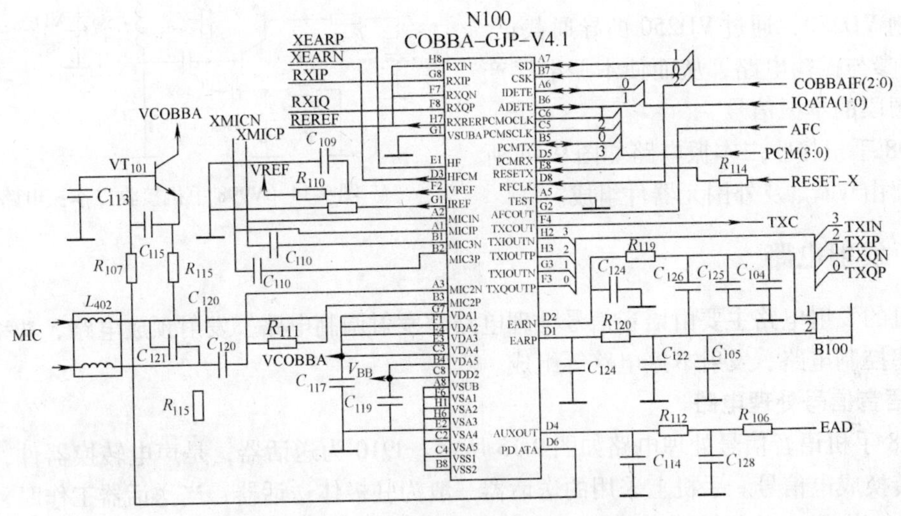

图 9-12　N3310 手机音频处理电路

口完成 AFC、APC、AGC 等控制功能。由射频 IC N500 解调输出的接收 I/Q 信号，从音频处理 IC N100 的 G8、F8 引脚输入，在 N100 内部进行放大，与 GMSK 解调，得到数据流信号，然后在中央处理器 D300 内进行信道解码、去交织、语音解码（RPE-LTP），还原为 64kbit/s 的数字语音信号，再由 CPU 送回 N100 进行 PCM 解码得到音频信号，经音频放大，从 N100 的 D1、D2 引脚输出音频信号推动受话器 B100 发出声音。

6. 接收本振电路

接收本振电路的作用是产生接收混频用的本振信号，其频率取决于手机的工作频段和信道。对于 V998 二次变频的手机，接收本振电路分为第一级接收本振电路和第二级接收本振电路；对于 N3310 一次变频的手机，只有一级本振电路，而且 N3310 手机的接收和发射共用一个 VCO 电路。下面只介绍 V998 手机的两级振荡电路。N3310 手机本振电路在发射部分介绍。

V998 手机接收一本振电路如图 9-13 所示。其核心元器件是 VT_{253}，其电路结构是电容三点式自激振荡电路，可以产生 900MHz（1325 ~ 1360MHz）、

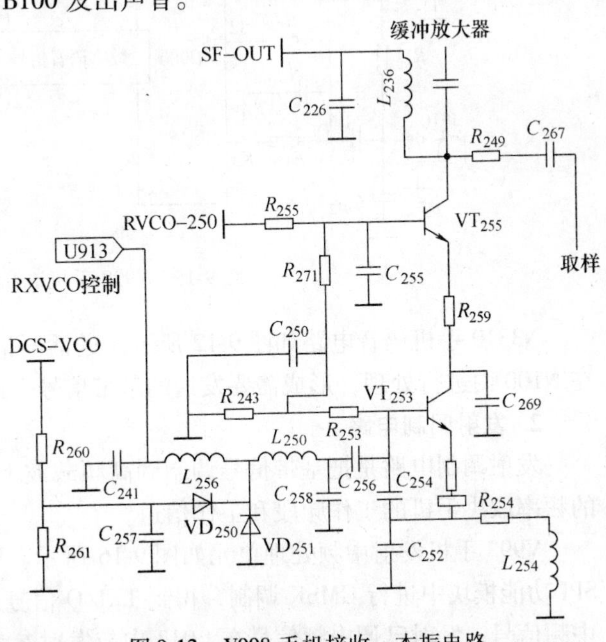

图 9-13　V998 手机接收一本振电路

1800MHz（1310～1345MHz）两个频段的振荡频率。本振电路产生的频率跟随信道的不同而不同，U913 控制 VD251 来改变本振电路的频率，同时还起到稳定工作频率的作用。本振电路的频段控制是由 DCS-VCO 信号控制 VD250，通过 VD250 的导通截止，C_{257}是否参与振荡电路，从而使本振电路产生不同频段的本振信号。

V998 手机接收二本振电路如图 9-14 所示，主要由 VT_{1255}及外围元器件组成。

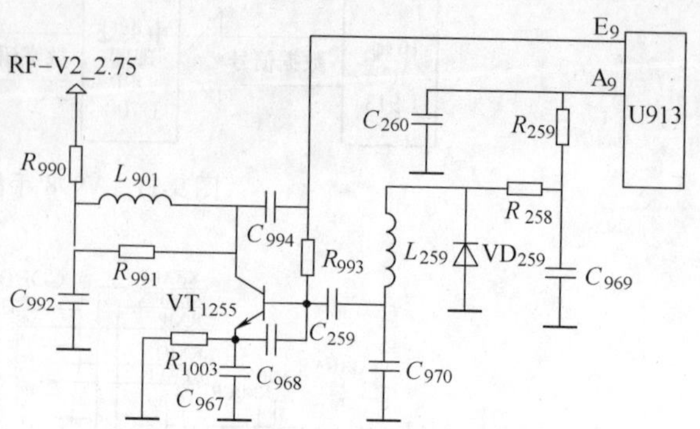

图 9-14　V998 手机接收二本振电路

9.2.2　发射电路

手机的发射电路主要由语音信号处理电路、发射调制电路、发射预放电路、功率放大电路、功率控制电路、发射本振电路等组成。

1. 语音信号处理电路

V998 手机语音信号处理电路如图 9-15 所示。J910 为送话器，是声电转换器件，即把声音信号转换成电信号。手机上采用的送话器一般为驻极体送话器，当送话器工作时，需要一定的供电。模拟的话音信号在 U900 内部进行放大，进行 A/D 转换后送往中央处理器 U700 作进一步处理。数字信号在 U700 内部经加密、交织、信道编码等处理后形成要发送的基带信号。

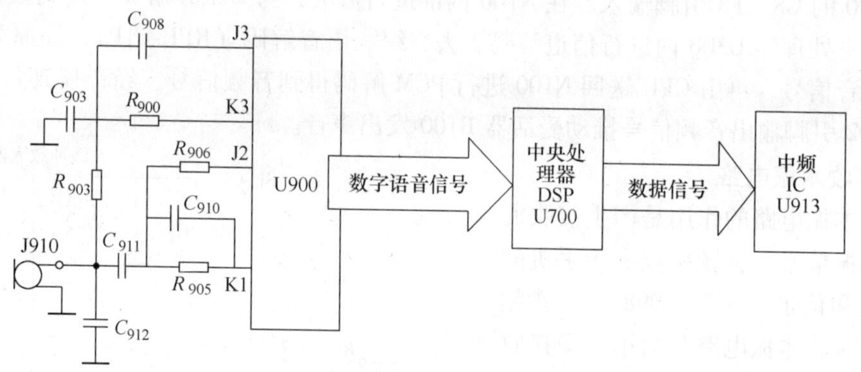

图 9-15　V998 手机语音信号处理电路

N3310 手机语音电路如图 9-12 所示。送话器信号通过 L_{402} 送入到 N100 的 A3 和 B3 脚，在 N100 内进行处理，形成需要发送的基带信号，由 H2、H3、G3、F3 脚输出。

2. 发射调制电路

发射调制电路是把基带信号调制到高频载波上，高频载波是由发射 VCO 产生的，载波的频率取决手机的工作频段和工作信道。

V998 手机发射中频处理单元如图 9-16 所示。U700 处理得到信号输出到 U913，信号在 SPI 功能模块中进行 GMSK 调制，得到 TXI/Q 信号，然后将该信号进行调制，得到发射已调中频信号。发射已调中频信号在 U913 内与发射参考信号在一个鉴相器中进行比较，得到一个包含送数据的脉动直流控制信号 CP-TX 。CP-TX 信号接到如图 9-17 所示的发射 VCO U250 的 8 脚上。这样做有两个作用，一个作用是调制发射 VCO，把发射信号调制到与使用信道相应的载波上；另一个作用是根据信道控制 U250 产生的频率和微调频率。U250 是一个集成器件，对外表现出来的是引脚，其内部结构与接收本振电路 VCO 类似。U250 工作在哪个频段取决于6 脚和 10 脚的控制信号，要发射的已调波从 U250 的 2 脚输出送往预放电路。

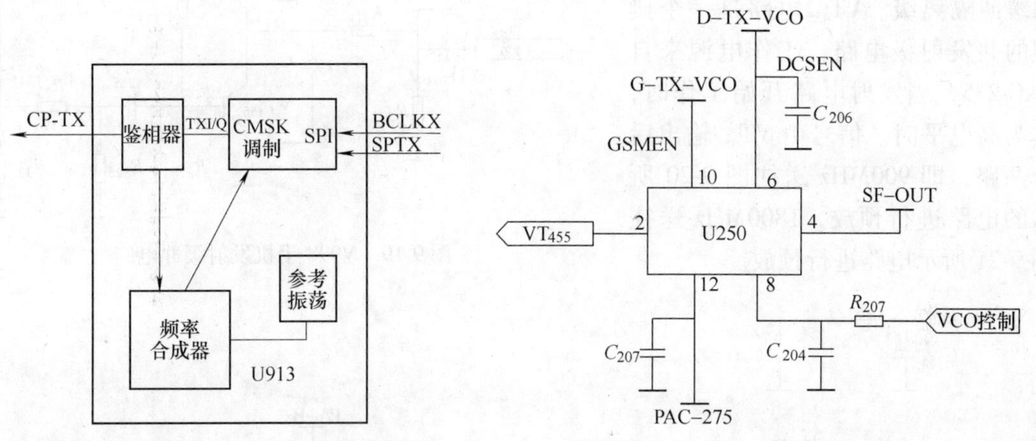

图 9-16　V998 手机发射中频处理单元　　　　图 9-17　V998 手机发射调制电路

N3310 手机发射调制电路如图 9-18 所示。由音频处理 N100 输入 TXI/Q 信号经 R_{541}、R_{548}，从 N500 射频 IC 的 H3、J3、G3、H4 引脚输入，滤波合成后在 N500 内部进行发射调制。

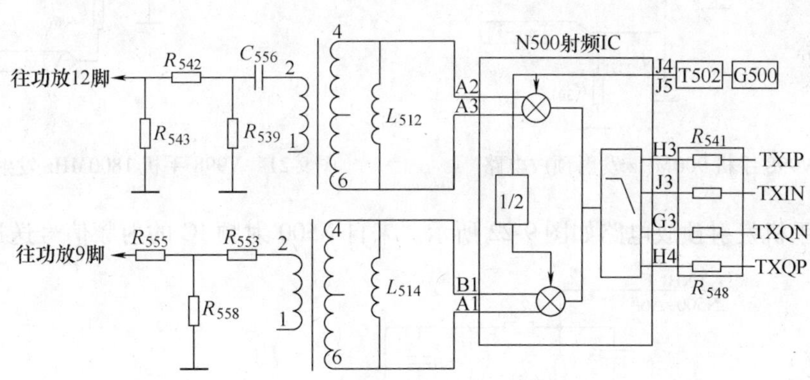

图 9-18　N3310 手机发射调制电路

GSM 频段时，本振模块 G500 产生的本振信号送入射频 IC，经放大后分频，得到 890 ~ 915MHz 信号，与发射 I/Q 信号进行调制，射频信号从 N500 的 B1、A1 引脚输出，经 T504 平衡变换、阻抗匹配后，输出给前置功放。

DSC 频段时，本振模块 G500 产生的本振信号从 N500 的 J4、J5 引脚输入射频 IC 直接与发射 I/Q 信号调制得到射频信号，从 N500 的 A2、A3 引脚输出，经 T503 平衡变换、阻抗匹配后输出给功放。

3. 发射预放电路

手机后级发射电路采用多级放大电路，一般采用预放推动功放的电路结构。

来自于 U250 第 2 脚将要发射的信号送到如图 9-19 所示的 VT_{455} 组成的缓冲隔离级。VT_{455} 电路是一个典型的共发射极电路，工作电源来自 PAC-275，当发射电路开始工作时，其为高电平时。信号由 VT_{455} 输出后分两路，即 900MHz 送往图 9-20 所示的电路进行预放，1800MHz 送往图 9-21 所示电路进行预放。

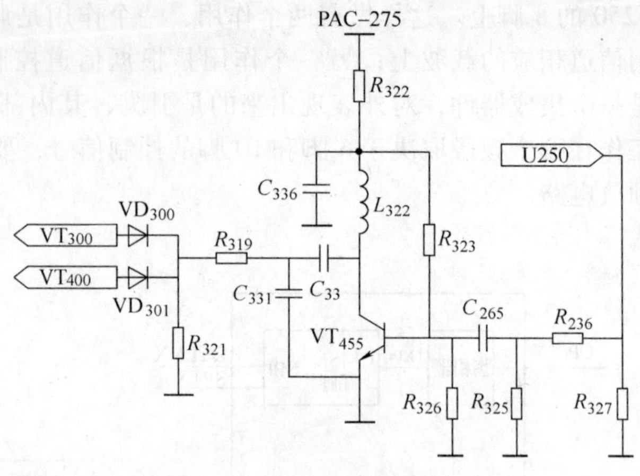

图 9-19　V998 手机发射缓冲电路

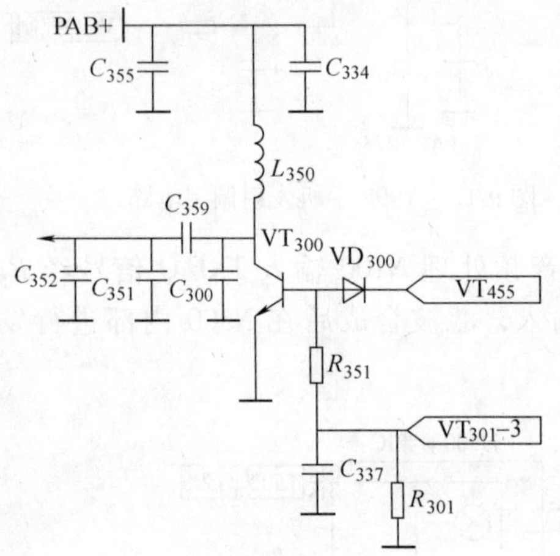

图 9-20　V998 手机 900MHz 发射预放电路

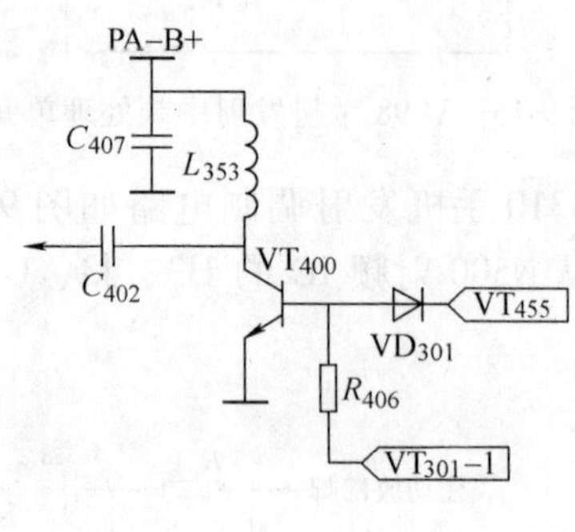

图 9-21　V998 手机 1800MHz 发射预放电路

N3310 手机发射预放电路如图 9-22 所示。来自 N500 射频 IC 的射频信号送进 Z503 进行

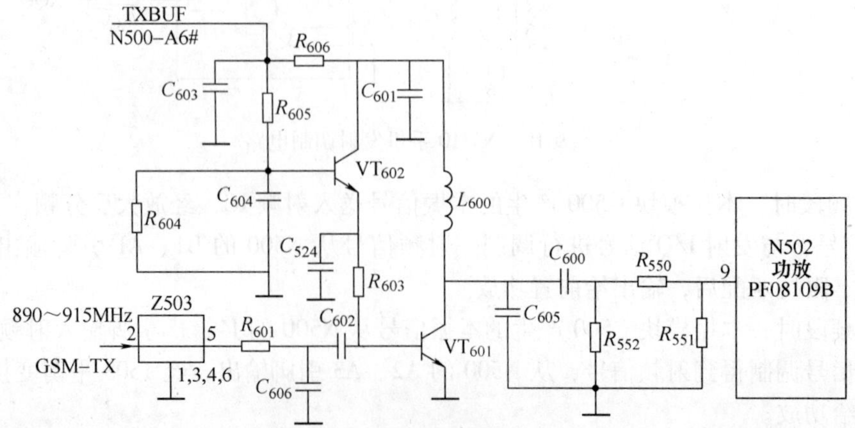

图 9-22　N3310 手机发射预放电路

GSM 频段发射滤波后，经 R_{601}、C_{602} 耦合，由 VT_{601} 进行前置放大后经集电极输出，再经 C_{605}、C_{600} 耦合，R_{552}、R_{550}、R_{551} 阻抗匹配给 N502 进行功率放大。

4. 功率放大电路及功率控制电路

V998 手机的功放电路每个频段采用一个功放电路，它们相互独立交替工作。V998 手机 900MHz 功放电路和 1800MHz 功放电路分别如图 9-23 和 9-24 所示。当手机工作在 900MHz 时，U400 工作，VT_{400} 送来的信号进入 U400 的第 7 脚，在 U400 内放大成规定的功率等级，从第 10 ~ 15 脚输出送往天线开关，在发射时刻发送出去。当手机工作在 1800MHz 时，U300 工作，VT_{300} 送来的信号进入 U300 的第 2 脚，在 U300 内放大成规定的功率等级，从第 10 ~ 15 脚输出送往天线开关，在发射时刻发送出去。

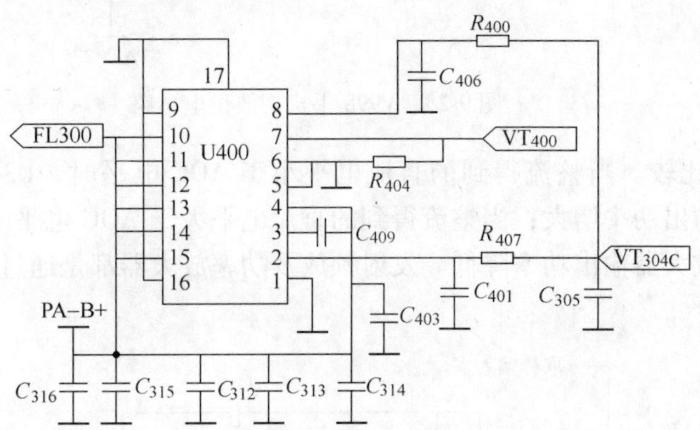

图 9-23　V998 手机 900MHz 功放电路

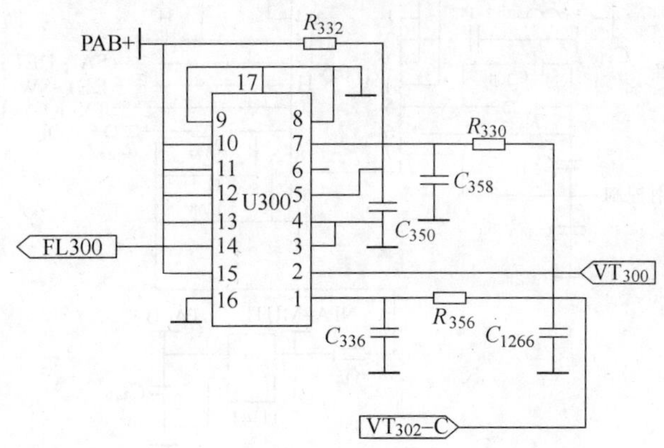

图 9-24　V998 手机 1800MHz 功放电路

V998 手机两个频段功放的供电都是由 VT_{330} 来提供的。V998 手机功放供电电路如图 9-25 所示。VT_{331} 在 PAC-275 信号的控制下使 VT_{330} 的 4 脚电位变低，VT_{330} 导通，将送到 VT_{330} 的 1 ~ 3 脚的电池电压经 5 ~ 8 脚给 U300 或 U400 供电。

V998 手机功率控制电路如图 9-26 所示。当 PAC-275 为高电平时，U340 的 7 脚输出高电平。该信号经 VT_{301} 电路转换控制起动发射预放，经电路转换，控制起动发射功率放大器。功率放大器输出的信号经 FL300 取样，送到 U340 的 2 脚。在 U340 内，射频信号经整流得到一个反映发射功率控制参考电平。这个直流电平信号与 U913 电路输出的发射功率控制参

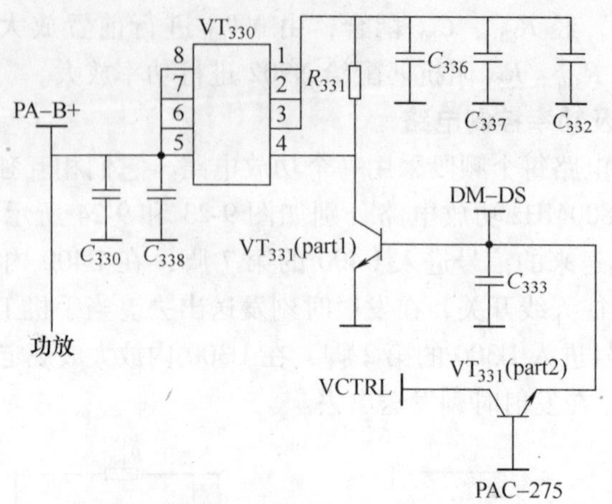

图 9-25　V998 手机功放供电电路

考电平 AOC 进行比较。当整流得到的直流电平小于 AOC 电平时，U340 的 7 脚电压上升，控制功率放大器输出功率增大；当整流得到的直流电平大于 AOC 电平时，U340 的 7 脚电压下降，控制功率放大器输出功率降低。发射预放及功率放大器都是通过控制其偏压来完成功率控制的。

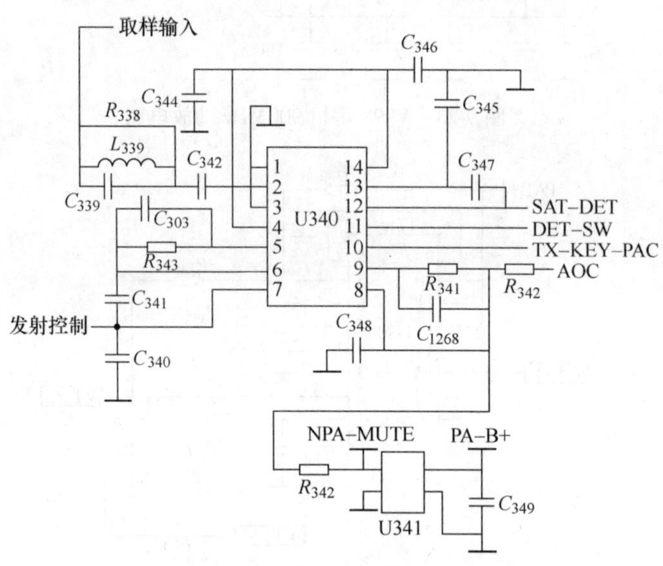

图 9-26　V998 手机功率控制电路

N3310 手机功率放大电路如图 9-27 所示。发射时，DCS-TX 信号或 GSM-TX 信号分别进入 N502，经过内部 DCS 或 GSM 功率放大，分别由 N502 的 3 脚、6 脚输出，再经耦合器 L_{515}、送给天线开关 Z502，Z502 的 4 脚输出天线发射信号。耦合器 L_{515} 通过耦合作用进行发射信号的取样，得到取样信号经 VD_{503} 功率检测后，送给 N500 射频 IC 输入，在 N500 射频 IC 内部通过与基准功率信号比较，得到功率控制信号，经内部开关控制分成两路由 N500 的 C5、A5 脚输出，分别控制 N502 的 GSM 与 DCS 功率放大器，通过控制功率放大器的增益以达到控制发射信号功率大小的目的。N502 是功率放大 IC 的 4、5 脚为供电脚，为 VBATT 供电。经过内部 DCS 或 GSM 功率放大，分别由 N502 的 3 脚、6 脚输出，再经耦合器 L_{515}、送给天线开关 Z502 的 10 脚、8 脚输入，Z502 的 4 脚输出天线发射信号。

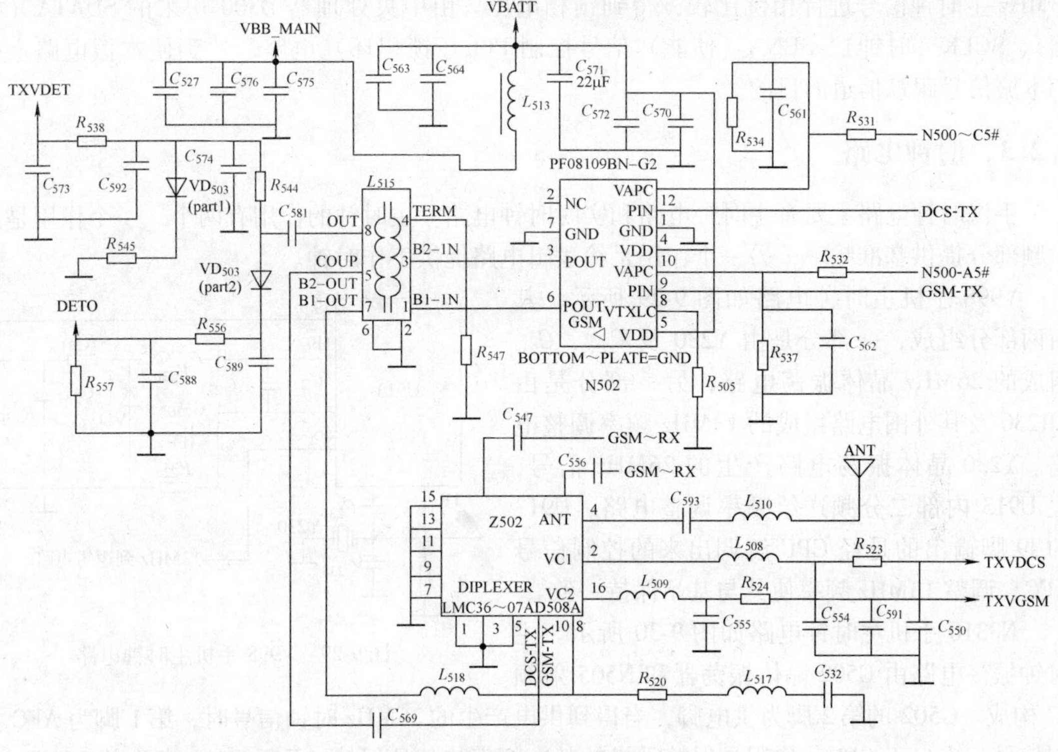

图 9-27　N3310 手机功率放大电路

5. 发射本振电路

V998 的发射本振电路前面已经讲解过，在此不再复述。

N3310 手机接收和发射的本振电路采用的是一个电路，由 G500 和集成电路 N500 构成。N3310 手机本振电路如图 9-28 所示。G500 脚作用：第 1 脚为锁相控制信号，第 4 脚为振荡器的供电脚，第 3 脚为本振信号的输出，第 2、5、6、7、8 脚为接地脚。本振信号经阻抗匹

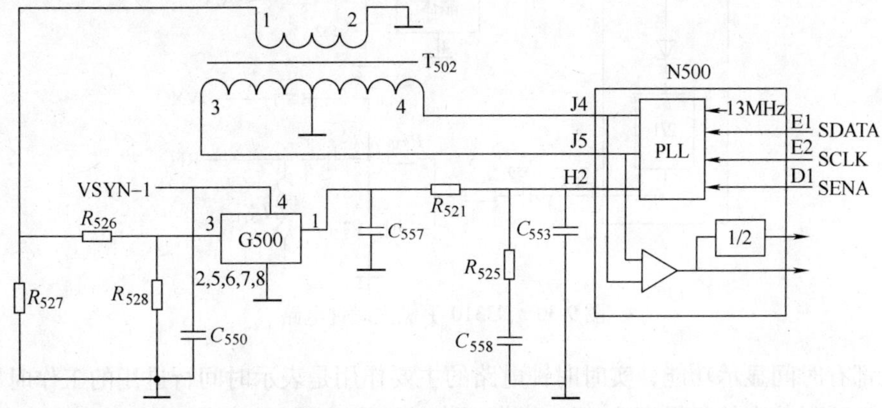

图 9-28　N3310 手机本振电路

配、T_{502}平衡变换后，送 N500 射频 IC 的 J4、J5 脚输入。在内部通过放大后，当本振信号送射频 IC N500 内部 PLL 电路进行分频鉴相时，与 G502 产生的 N500 的 H1 脚输入得到的 13MHz 主时钟信号进行相位比较，得到锁相电压。由中央处理器 D300 送来的 SDATA（数据）、SCLK（时钟）、SENA（使能）信号控制 PLL（锁相环）电路，达到使本振电路产生的本振信号跟踪信道的目的。

9.2.3 时钟电路

手机时钟电路主要有主时钟电路和实时时钟电路。主时钟的作用有两个，一个作用是给射频部分提供基准频率，另一个作用是给逻辑电路提供工作时钟。

V998 手机主时钟电路如图 9-29 所示，其由两部分组成，一部分是由 Y230 及 C_{236}、C_{238} 组成的 26MHz 晶体振荡电路，另一部分是由 CR230 及其外围电路组成的 13MHz 频率调整电路。Y230 晶体振荡电路产生的 26MHz 信号，经 U913 内部二分频送给频率调整电路。U913 的 J9 脚输出的是经 CPU 解调出来的控制信号 AFC，调整 13MHz 频率使其与基站保持一致。

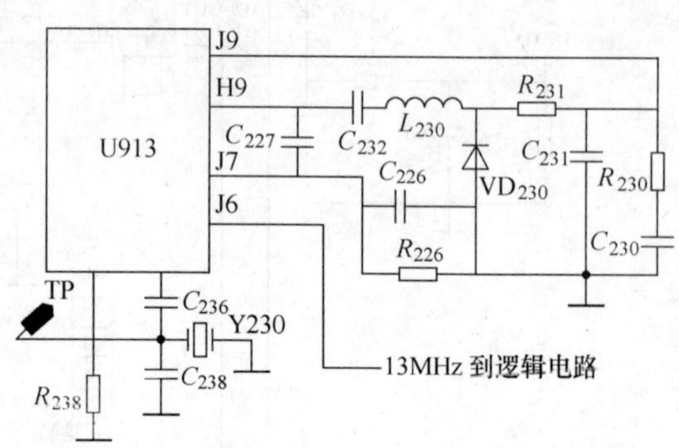

图 9-29 V998 手机主时钟电路

N3310 手机主时钟电路如图 9-30 所示。主时钟振荡电路由 G502 晶体振荡器和 N505 射频 IC 构成。G502 的第 2 脚为供电脚，当得到供电产生的 26MHz 时钟信号时，第 1 脚为 AFC 控制信号，来自于 CPU，作用是保持手机的基准频率与基站保持一致。G502 产生的 26MHz 的时钟信号，送入到 N505 芯片的 H1 脚，在芯片内部进行放大和二分频，得到 13MHz 主时钟信号，经由 VT_{502} 共发射级放大电路的放大，送至 CPU 等需要时钟信号的芯片和电路。

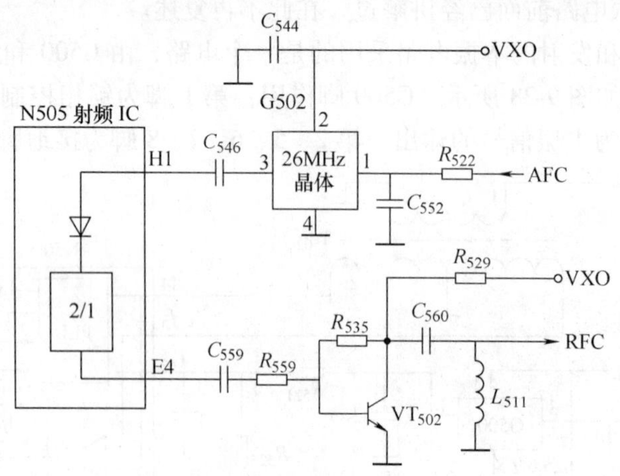

图 9-30 N3310 手机主时钟电路

手机都有时间显示功能，实时时钟电路的主要作用是表示时间行进用的工作时钟，同时在手机处于睡眠状态的时候也给 CPU 提供工作时钟。

V998 手机和 N3310 手机的实时时钟电路分别如图 9-31 和图 9-32 所示。

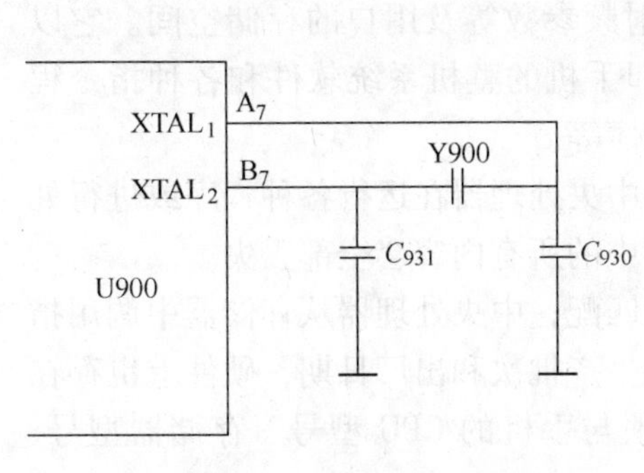

图 9-31　V998 手机实时时钟电路

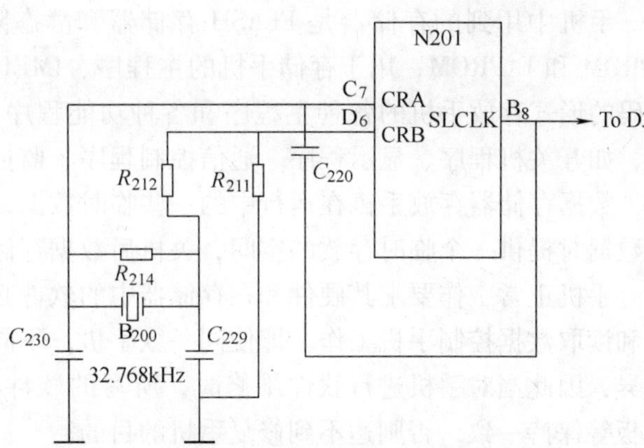

图 9-32　N3310 手机实时时钟电路

9.3　其他电路

9.3.1　逻辑控制电路

V998 手机和 N3310 手机逻辑控制电路原理图中的逻辑部分主要由中央处理器、存储器单元、接口电路、控制电路等组成。手机逻辑电路框图如图 9-33 所示。逻辑控制电路的作用是对手机的运行进行控制和管理，例如手机的开关机过程管理、射频部分控制、音频部分控制、各种接口、键盘、显示屏、振动提示等。逻辑电路的芯片工作时需要的条件是供电、时钟信号和复位信号。

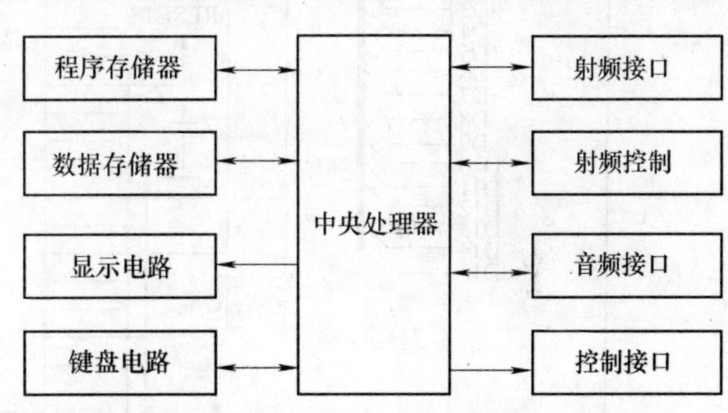

图 9-33　手机逻辑电路框图

1. 中央处理器

手机的中央处理器是整个手机的控制中心。把它称之为 CPU 不是很确切，因为其内部还包含有数字信号处理器（DSP）单元。中央处理器发出各种指令，控制手机的各个单元协调工作。DSP 单元对数字信号进行处理。

2. 存储器

存储器可以分为很多种类，根据掉电数据是否丢失可以分为随机存取存储器（RAM）和只读存储器（ROM）。其中 RAM 的访问速度比较快。ROM 和 RAM 指的都是半导体存储器，ROM 是英文 Read Only Memory 的缩写，RAM 是英文 Random Access Memory 的缩写。ROM 在系统停止供电的时候仍然可以保持数据，而 RAM 通常是在掉电之后丢失数据。典型的 RAM 就是计算机的内存。

FLASH 存储器又称为闪存，是一种非易失性存储器，它擦写方便，访问速度快。它结合了 ROM 和 RAM 的长处，不仅具备电子可擦除可编程（E^2PROM）的性能，而且不会断电丢失数据，同时可以快速读取数据。

手机中用到的存储器是 FLASH 存储器和静态随机存储器。FLASH 存储器已经取代了 EPROM 和 E^2PROM，用于存储手机的主程序、IMEI、射频参数等及用户的存储空间。它以代码的形式存放手机的各种主程序和各种功能程序，即手机的整机系统软件和各种指令程序，如开关机程序、显示程序、通信控制程序、监控程序等。

数据存储器存放手机在运行中的一些临时数据，为中央处理器在运行各种程序或进行处理数据时提供一个临时存放的空间，关机后数据存储器中的所有内容会全部丢失。

手机正常工作要求其硬件和在存储器中的软件必须匹配，中央处理器从存储器中调用指令和读取数据控制手机工作。即使同一款手机，不同的生产批次和出厂日期，硬件上也存在差异，因此当对手机进行软件维修时，所写的软件必须与手机的 CPU 型号、存储器型号、主板等保持一致，否则达不到修复手机的目的。

3. 接口电路

V998 手机显示接口电路如图 9-34 所示。此手机为翻盖手机，J700 为显示接口，通过排线连到显示屏。U700 把显示数据通过总线送往显示屏电路的液晶驱动器，以驱动显示屏显示。N3310 手机显示接口电路如图 9-35 所示。

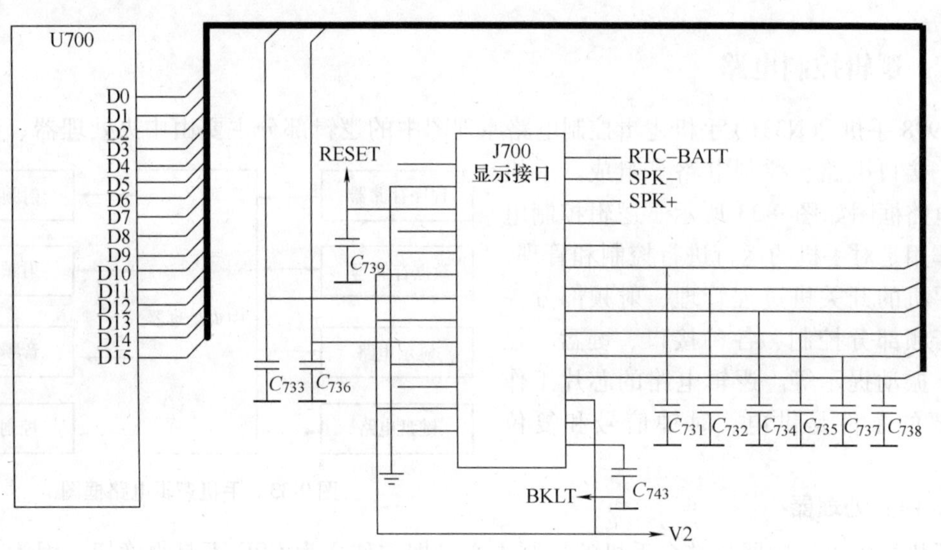

图 9-34　V998 手机显示接口电路

手机的键盘电路采用行列矩阵键盘扫描方式。V998 手机和 N3310 手机的键盘电路分别如图 9-36 和图 9-37 所示。在键盘中按键数量较多时，为了减少端口的占用，通常将按键排列成矩阵形式。在矩阵式键盘中，每条水平线和垂直线在交叉处不直接连通，而是通过一个按键加以连接。这样，一个 8 端口就可以构成 4 × 4 = 16 个按键，比之直接将端口线用于键盘多出了一倍，而且线数越多，区别越明显，比如再多加一条线，就可以构成 20 键的键盘，而直接用端口线则只能多出一键（9 键）。由此可见，在需要的键

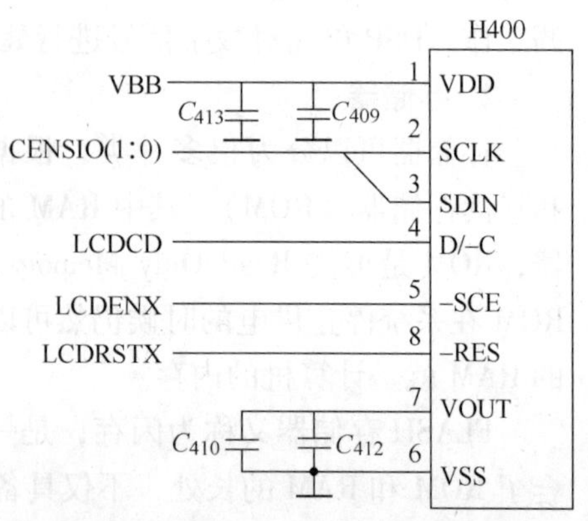

图 9-35　N3310 手机显示接口电路

数比较多时，采用矩阵法来做键盘是合理的。

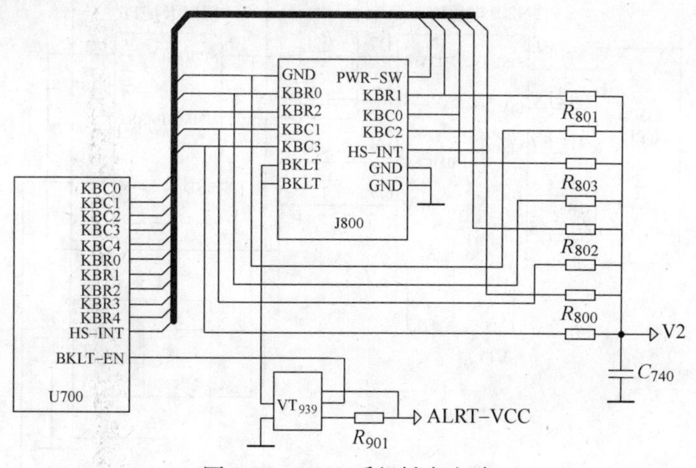

图 9-36　V998 手机键盘电路

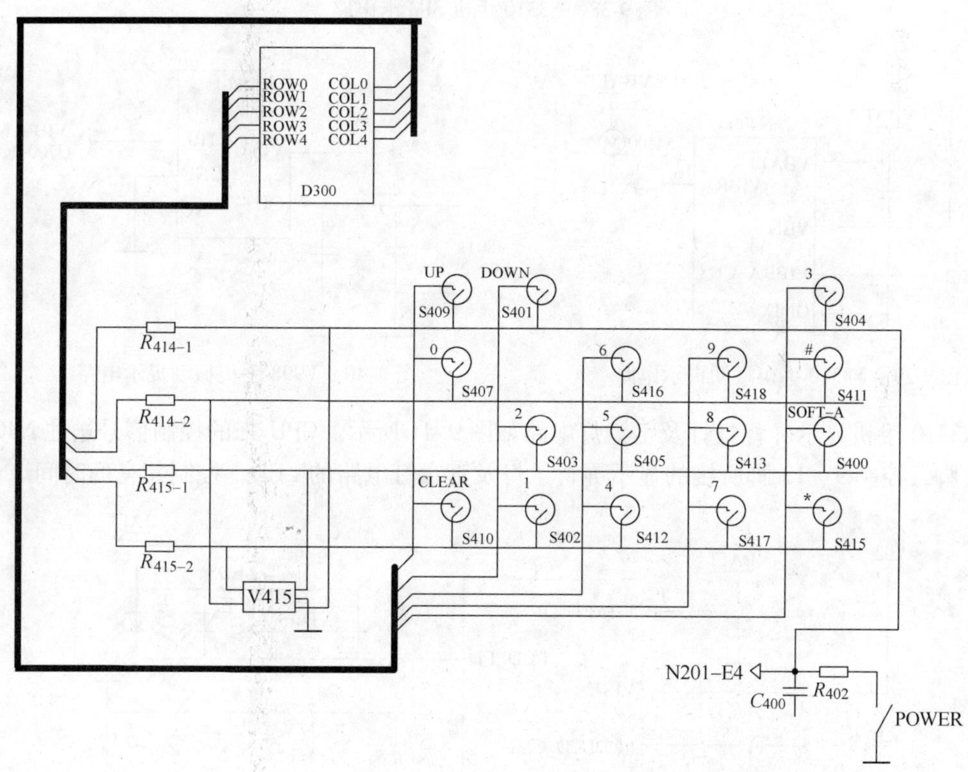

图 9-37　N3310 手机键盘电路

N3310 手机的 SIM 卡电路由卡座及 VD_{203}、N201、D300 组成，如图 9-38 所示。VD_{203}是保护电路，N201 是接口电路和卡供电电路，VD_{202}和 C_{218}组成升压电路。D300 是中央处理器，通过 N201 读取和写入 SIM 数据。

N3310 手机振动提示电路如图 9-39 所示，来自中央处理器 D300 的振子控制信号，控制 N400 的第 19 脚，从而控制 N400 的 16 脚的高低电平。当 16 脚为低电平时，振子振动；当 16 脚为高电平时，振子停止。V998 手机振动提示电路原理同 N3310 手机类似，如图 9-40 所示。

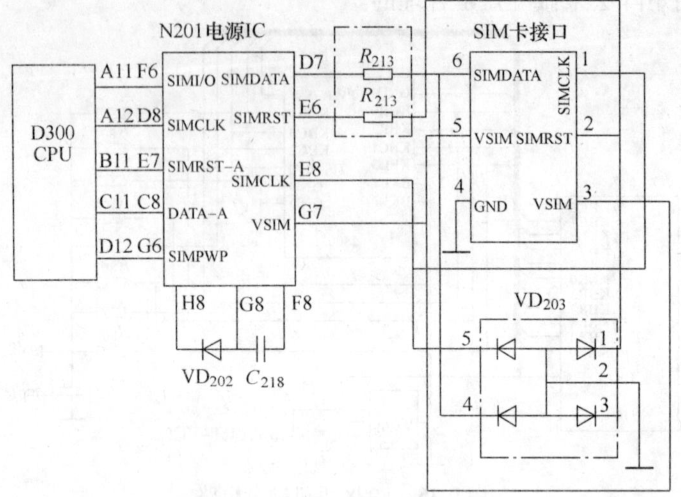

图 9-38　N3310 手机 SIM 卡电路

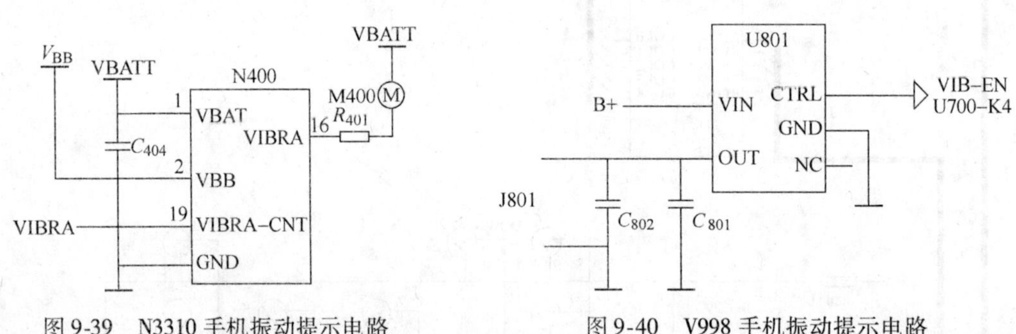

图 9-39　N3310 手机振动提示电路

图 9-40　V998 手机振动提示电路

N3310 手机显示屏背景灯及键盘灯电路如图 9-41 所示。CPU 来的控制信号送往 N400 的 7、15 脚，控制 9、13 脚所接的显示屏背景灯及键盘灯电路的 LED，控制其亮的时间。

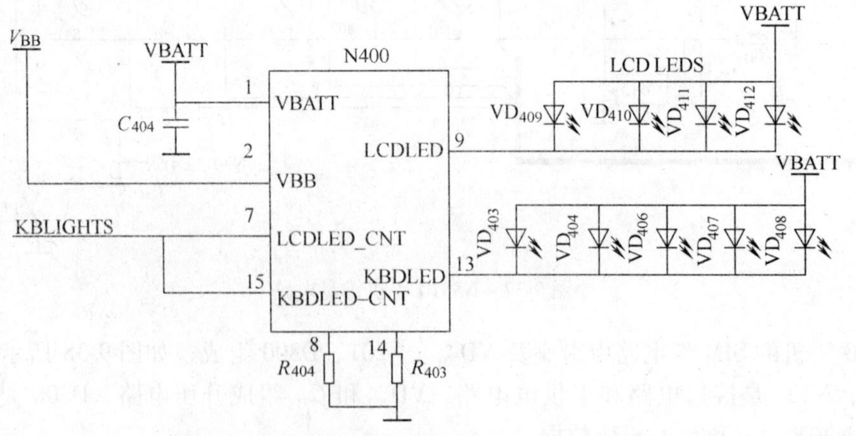

图 9-41　N3310 手机显示屏背景灯及键盘灯电路

N3310 手机振铃驱动电路如图 9-42 所示。振铃信号送入 N400 的第 3 脚，放大后由第 6 脚输出，驱动振铃发出声音。

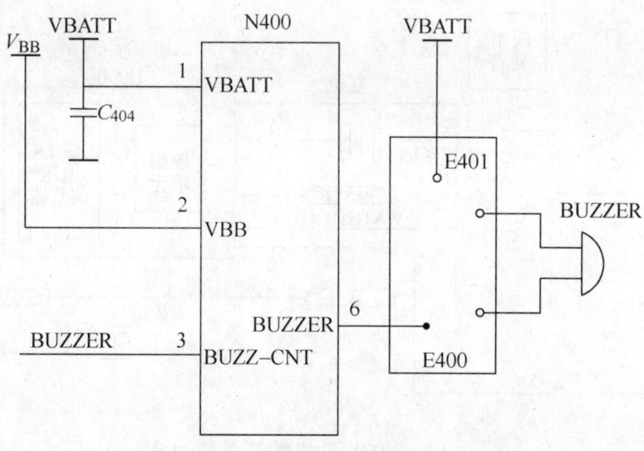

图 9-42　N3310 手机振铃驱动电路

9.3.2　供电充电电路

供电电路是一个 DC/DC 转换器，作用是把电池电压转换成各个单元电路所需要的各种电压。

N3310 手机充电电路如图 9-43 所示。充电电路由 N200、N201、D300、VT_{205} 组成。当插入充电器时，N201 电源 IC 送给中央处理器 D300，中央处理器就得到已接入充电电源的信息，启动运行充电程序。充电电压 CHRC－R＋从 N200 的 A2～A5 脚输入，经内部开关，由 N200 的 C6、D6 脚输出给主电池充电。当 N201 的 B5 脚 PWM 信号为高电平时，充电开关将闭合导通。

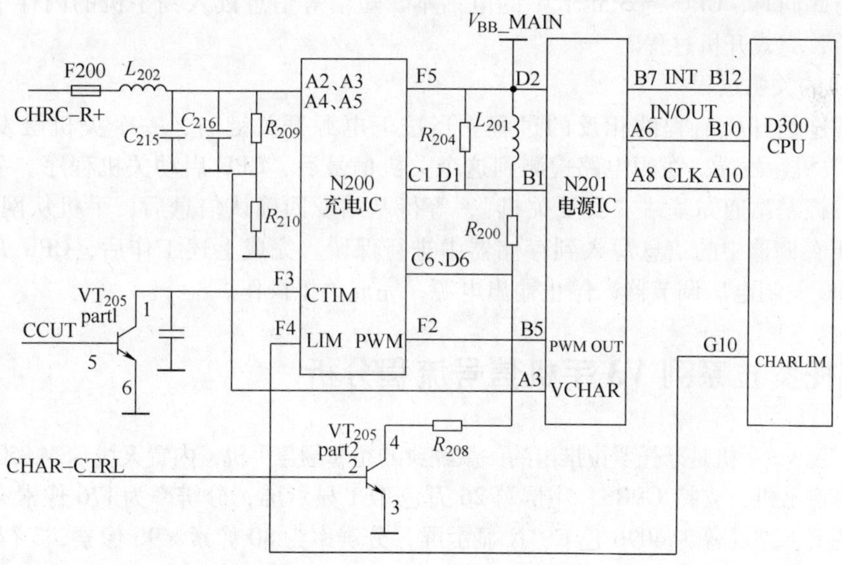

图 9-43　N3310 手机充电电路

9.3.3　手机的开关机过程

1. 手机的开机过程

V998 手机的开机关机过程如图 9-44 所示。

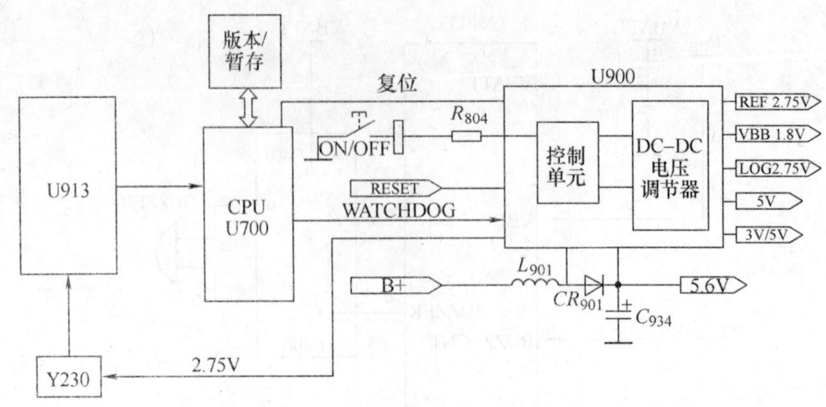

图 9-44　V998 手机的开关机过程

当手机的电源开关键被按下并保持足够的时间时，触发电源 U900 的开机触发端 PWRON，U900 分别输出相应的电压和复位信号。当电源供给 13MHz 电路——基准频率时钟电路时，13MHz 电路开始工作产生的 13MHz 的信号经中频 U913 处理后，输出一个 13MHz 的信号作为逻辑电路的时钟信号。逻辑电路在（中央处理器、程序存储器、随机存储器）得到供电、工作时钟、复位信号后，中央处理器 U700 启动开机自检程序，在检测逻辑芯片工作正常后，启动开机程序。U700 向电源芯片 U900 送回一个开机维持信号，让电源芯片 U900 维持各组电压的输出，手机开始开机，此时屏幕上出现开机画面，CPU 开始读取 SIM 卡中的 IMSI 信息，将其发送到基站进行认证，基站发回确认信息，手机开始登录，出现信号指示。与此同时，CPU 将 SIM 卡中的电话本、短信等信息读入到手机的内存中。运行相应的程序后，完成开机过程。

2. 手机的关机过程

关机程序是开机流程的相反的过程。当按下电源开关键时，一个关机触发脉冲触发 U900 的开关机触发端。逻辑电路检测到这个关机信号后，CPU 启动关机程序。手机发送关机指令，发往基站通知基站“我要关机”，等待基站发回确认信息后，手机从网络中注销。CPU 将随机存储器中的信息写入到存储器中进行保留。完成上述工作后，CPU 开始控制电源芯片 U900 关闭电压调节器，停止输出电源，完成关机操作。

9.4　摩托罗拉系列 V3 手机信号流程分析

摩托罗拉 V3 手机是摩托罗拉推出的一款经典的超薄翻盖手机，内置天线 GSM 850/900/1800/1900MHz 四频手机，支持 GPRS，主屏幕 26 万色 TFT 显示屏，分辨率为 176 像素 ×220 像素，8 行中文显示，副屏幕为 4096 色 CSTN 显示屏，分辨率为 80 像素 ×96 像素，3 行中文显示，内置 30 万像素 CMOS 传感器摄像头，4 倍数字变焦，功能强大。随着集成电路集成度越来越高，手机中的芯片个数越来越少，功能越来越强大，多个芯片被集成在一起，电路分析起来也就简单多了。

9.4.1　接收通路

V3 手机是内置天线，A1 为手机内置天线，J40 为测试天线接口，ANT_DETB 为天线检测信号，检测是用内置天线还是测试天线。V3 手机天线电路如图 9-45 所示。

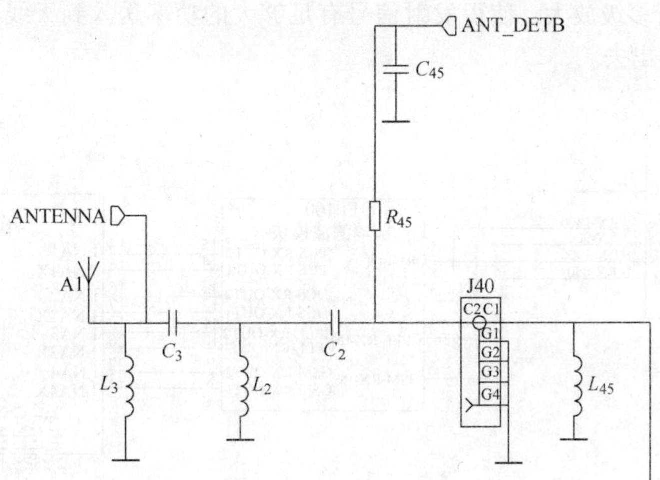

图 9-45　V3 手机天线电路

V3 手机接收电路如图 9-46 所示。

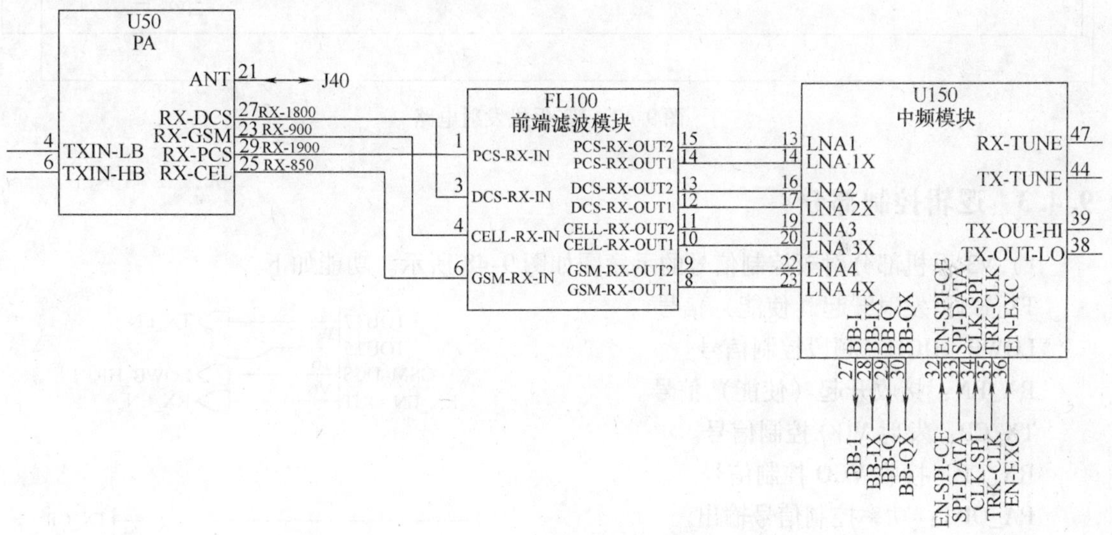

图 9-46　V3 手机接收电路

天线接收下来的信号送入到 U50 的 21 脚，在 U50 内部进行 4 个接收频率的频段切换后从 25、23、27 、29 脚选择一路信号输出到 FL100 进行滤波，滤波后送入 U150。在 U150 内部进行低噪音放大、混频、滤波、基带信号放大，再从 27、28，29 、30 脚输出基带信号。将基带信号送入到 CPU 进行处理，经音频放大后，驱动扬声器。接收本振电路被集成在 U150 内部。

9.4.2　发射通路

V3 手机发射电路如图 9-47 所示。需要发射的音频信号在 CPU 内部进行处理后形成需要发射的基带信号，送入到 U150 中。发射本振信号电路被集成在 U150 内部，基带信号在

U150 内部调制发射本振信号，从 U150 的 38 、39 脚输出，送入到 U50 的 4、6 脚。发射信号在 U50 内部进行多级放大，使得发射信号有足够大的功率送入到天线开关电路，在发射时隙通过天线发射出去。

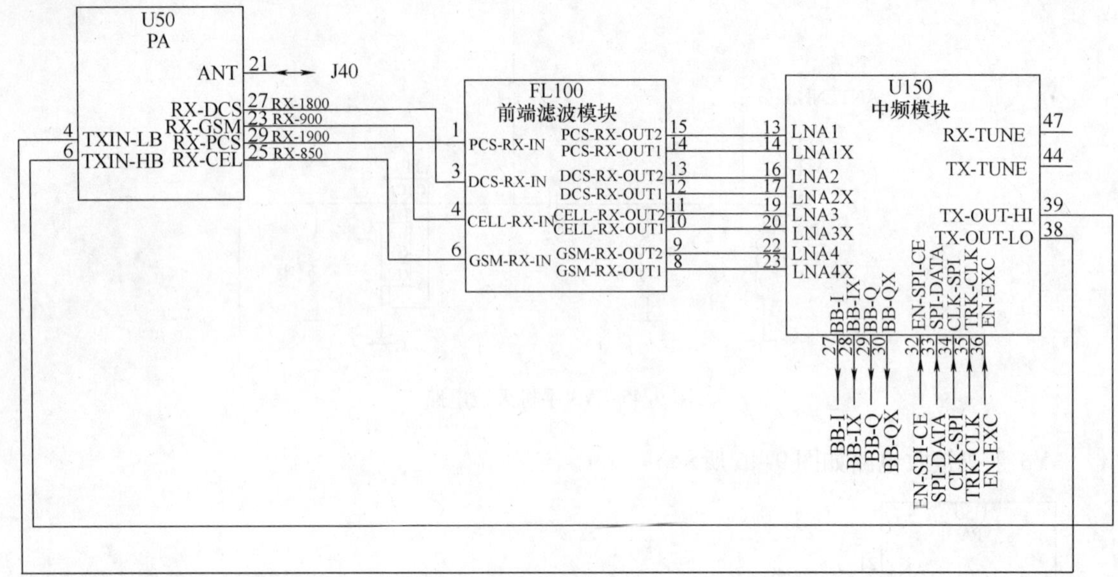

图 9-47　V3 手机发射电路

9.4.3　逻辑控制部分

1）V3 手机部分射频控制信号的示意图如图 9-48 所示。功能如下。

TX_EN：发射开起（使能）信号。

LOWB_HIGH：频段控制信号。

RX_EN：接收开起（使能）信号。

TX_CP：发射 VCO 控制信号。

RX_CP：接收 VCO 控制信号。

PA_OUT：功率控制信号输出。

PA_DET：发射功率检测信号输入。

2）V3 手机键盘接口、显示接口、SIM 卡接口的示意图如图 9-49 所示。功能如下。

ROW 信号线：键盘行列扫描信号。

LCD 信号线：显示控制和数据线。

VSIM_EN：SIM 卡供电开启信号。

SIM_DIO：SIM 数据 I/O 接口。

SIM_CLK：SIM 时钟信号。

SIM_RST：SIM 复位信号。

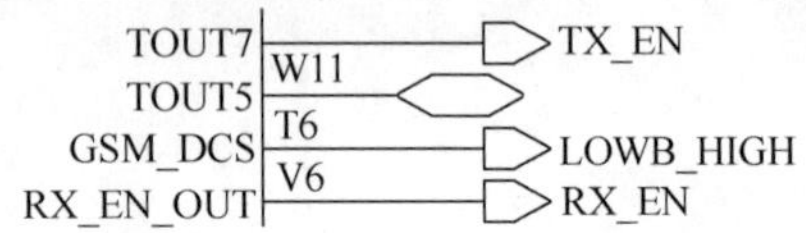

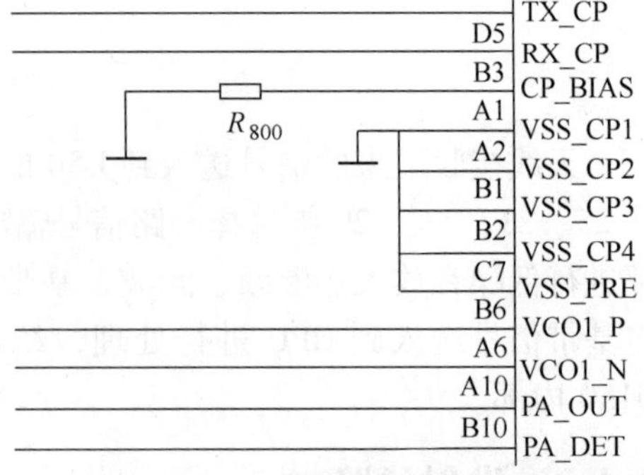

图 9-48　V3 手机部分射频控制信号的示意图

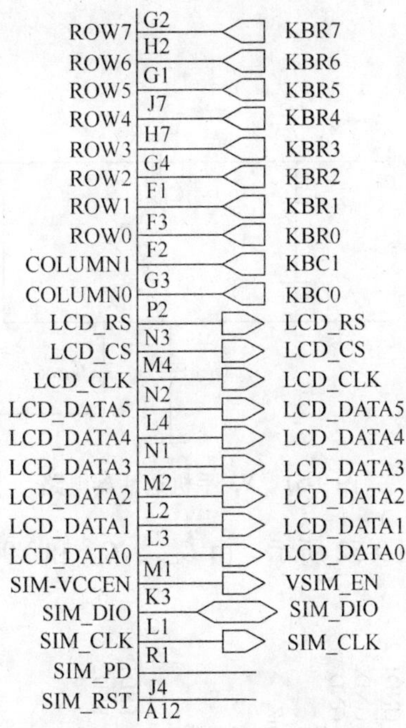

图 9-49　V3 手机键盘接口、显示接口、SIM 卡接口的示意图

9.4.4　音频电路

V3 手机接收音频电路如图 9-50 所示。

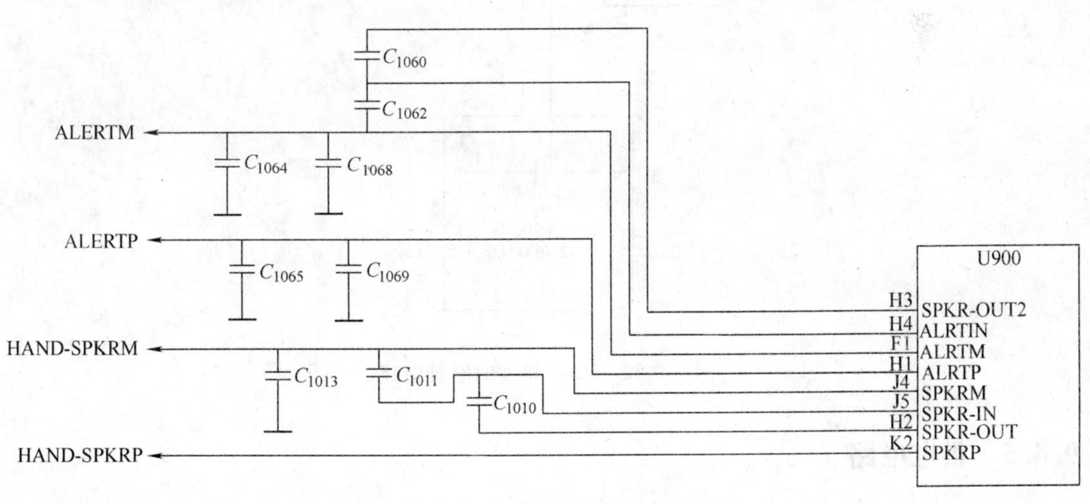

图 9-50　V3 手机接收音频电路

SPKRM 、SPKRP 为受话器信号输出，接往手机翻盖中的受话器，ALERTM 、ALERTP 为振铃信号输出，接振铃发出的来电提示音。

V3 手机送话器电路如图 9-51 所示。J41 为送话器接口，芯片为送话器供电，送话器的信号送入到芯片中进行放大、A/D 转换等。

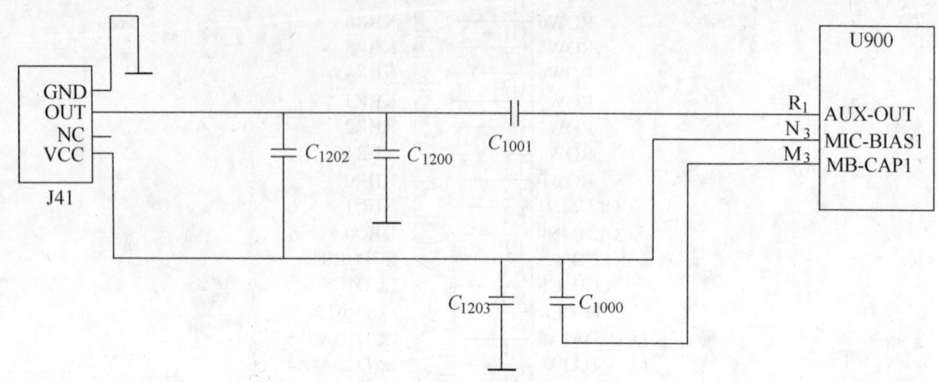

图 9-51　V3 手机送话器电路

V3 手机实时时钟电路如图 9-52 所示。由 C_{905}、C_{906} 和 Y900 组成的是 32.768kHz 的实时时钟电路，用于时间的显示。

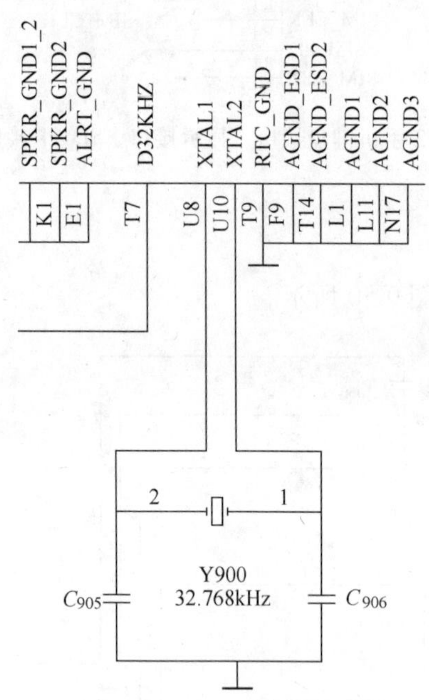

图 9-52　V3 手机实时时钟电路

9.4.5　供电电路

电源芯片输出的逻辑电路、射频电路及其他电路供电所需的各组电压如图 9-53 所示。

V3 手机的电源切换及充电电路如图 9-54 所示。手机未充电时电池的电压通过 Q_{950}，给整个手机提供供电，当手机插上充电器时，Q_{950} 截止，充电器的电源，通过 Q_{952} 给整个手机提供供电，同时对电池进行充电。在手机插上充电器后，电池停止给手机供电，充电器的电压通过 Q_{958} 和 VD_{958} 对电池进行充电。

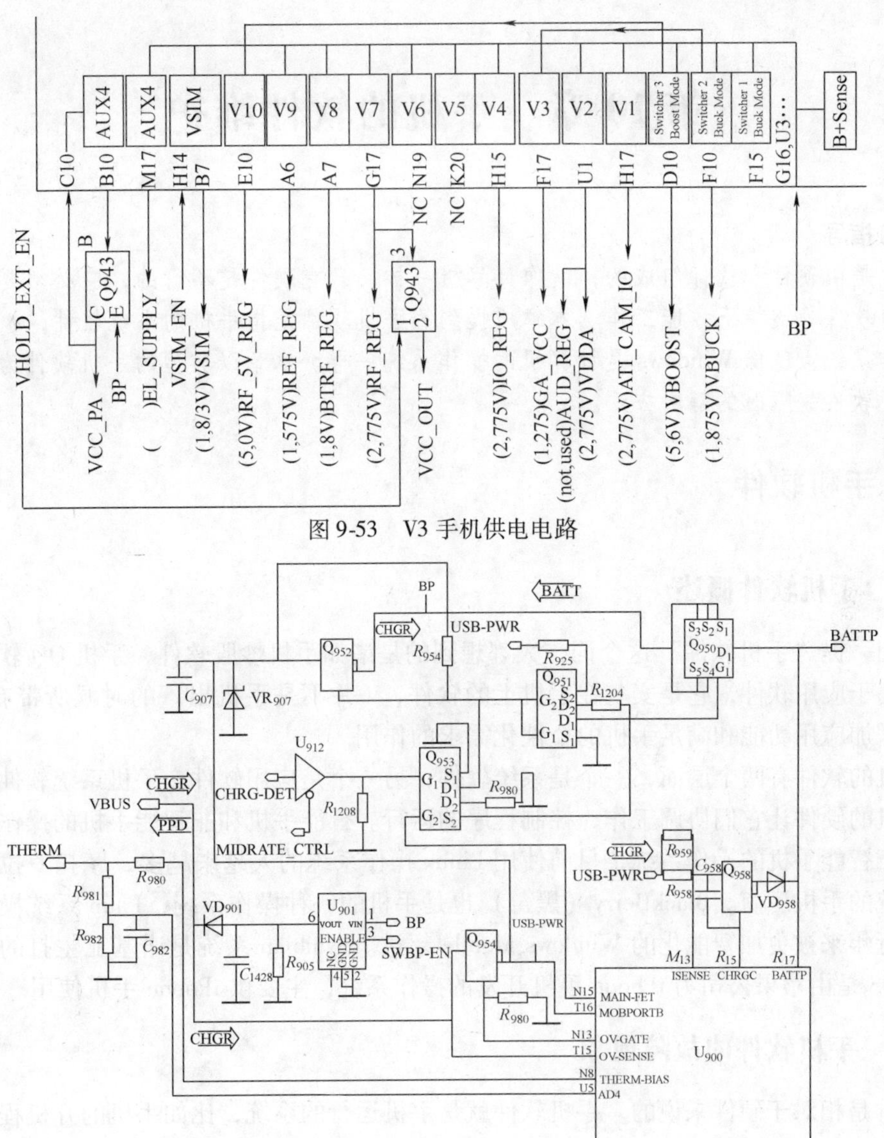

图 9-53 V3 手机供电电路

图 9-54 V3 手机的电源切换及充电电路

9.5 习题

1. 试画出手机的射频框图，并说明各个部分的作用。
2. 试画出手机的逻辑和供电电路框图，并说明各个部分的作用。
3. 手机采用超外差式接收电路，试说明超外差接收机的原理。
4. 手机的发射电路是否采用多级放大电路？简述多级放大电路的特点。
5. 简述锁相环路 PLL 的工作原理。
6. 简述手机的开机过程。
7. 简述手机的关机过程。
8. 查阅相关资料，选择一款新型手机的图样，进行整机的电路分析。

第 10 章　手机的软件维护

学习指导

手机是由硬件和软件组成的，就像计算机一样，只有硬件是不行的，它必须要在操作系统、应用软件等支持下才能工作。本章所提到的手机软件是指手机的系统软件，也称之为手机的操作系统，就像 Windows 是计算机的操作系统一样。本章以典型的手机软件为例介绍当手机出现软件故障时的解决方法。

10.1　手机软件

10.1.1　手机软件概述

我们一提“手机软件”这个词，大都想到的是诸如手机炒股软件、手机 QQ 软件等，这些软件属于应用软件，它是安装在手机上的软件，（并不是手机出厂的时候所带有的），主要起到增加应用功能和满足手机的个性化需求的作用。

手机的软件有两个层面，一个是系统软件，另一个是应用软件。手机系统软件的作用是管理手机的硬件让它们协调工作，控制程序的运行。智能手机和非智能手机的操作系统是不同。关于智能手机的操作系统，目前使用 Linux 操作系统的人越来越多，摩托罗拉是一大支持该系统的手机厂商。BlackBerry（黑莓）也是手机的一种操作系统，Palm 系统操作稳定性好，但近年来被更加智能化的 Windows Mobile 超过。Symbian 系统是诺基亚主打的系统。而 iPhone OS 是由苹果公司为 iPhone 手机开发的操作系统，主要供 iPhone 手机使用。

10.1.2　手机软件的故障现象

软件是相对于硬件来说的，手机软件就是手机运行的系统，比如手机的开机程序、操作指令、各种检测程序等。这些程序是以二进制形式存储于手机的存储器中。一旦这些数据出现问题，就会引起手机出现软件故障。

手机的软件出现故障，表现出来的现象是多种多样的。如手机开机显示“联系服务商”、“CONTACT SERVICE”、“SIM 卡未被接受”等都是典型的软件故障。再如手机的开机程序出现问题，会引起手机不开机。手机的电话簿、短信打不开，某些功能不能用，某些程序不能运行等都是软件故障，都需要进行软件的维护和维修来排除故障。

10.2　手机软件故障的处理方法

手机出现的软件故障分为存储器芯片硬件损坏和存储器中的软件损坏。如果是硬件损坏，就需要更换新的芯片，同时需要用通用编程器对新的芯片进行编程。如果是软件损坏，就可以采用免拆机进行软件升级进行修复，也可以把存储芯片从手机中取下用通用编程器对其进行重新编程两种方法解决。下面介绍手机出现软件故障后的两种维修方法。

10.2.1 免拆机软件维修

当遇到手机出现软件故障时，先不要着急对手机进行拆机维修，以避免故障扩大化，而要先采用免拆机的方法进行维修，看能否排除故障。要采用免拆机方法维修，需要有两个前提条件：一个条件是手机能正常开机或不开机可以进入升级模式（工程模式），另一个条件是将手机插到计算机上，能被计算机找到，否则就要采用拆机的方法进行维修。下面介绍几种免拆机的升级平台的使用方法。

1. 摩托罗拉系列升级平台

（1）P2K Product Support Tool PST 升级平台

1）运行 P2K Product Support Tool PST 升级平台，如图 10-1 所示。

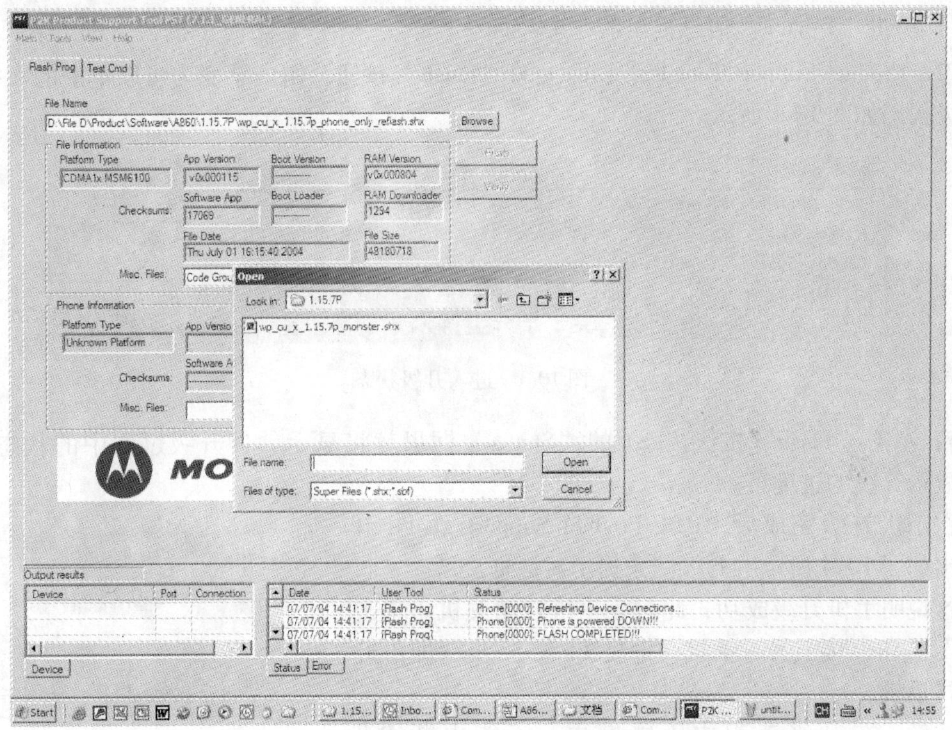

图 10-1 运行 PST 升级平台

2）单击“Browse”按钮，在弹出的窗口中找到需要的升级文件，单击“Open”在 P2K Product Support Tool PST Load 完 Flash 软件后，可以看到 Browse 框里的软件信息更改为手机软件名及路径，如图 10-2 所示。

3）将手机连接到 USB 数据线上，将电量充足的电池安装到手机里（确保电池接触牢固），按手机开机键打开手机，P2K Product Support Tool PST 会自动识别到手机，并在“Device”信息框里显示出手机的连接信息（如果是第一次连接手机，P2K Product Support Tool PST 就需要安装相应的手机驱动。用户只需将驱动软件的安装路径指到 C：\ Program Files \ Motorola \ PST，P2K Product Support Tool PST 就会自动将相应的驱动安装到系统里。

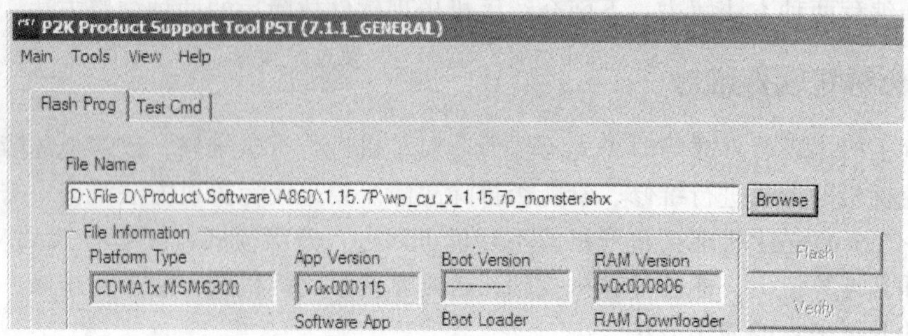

图 10-2　调入升级文件

注意：驱动的安装会有 3 或 4 次，分别是 USB 驱动、手机驱动、Modem 驱动等。驱动软件安装完后，PST“Device”信息框里才会显示手机的连接信息）。

4）单击“Device”信息框里的 Motorola P2K ，这时手机会自动进入 Flash 模式，P2K Product Support Tool PST 界面上的“Flash”按钮会由虚字变为可以单击的实字，进入升级状态如图 10-3 所示。

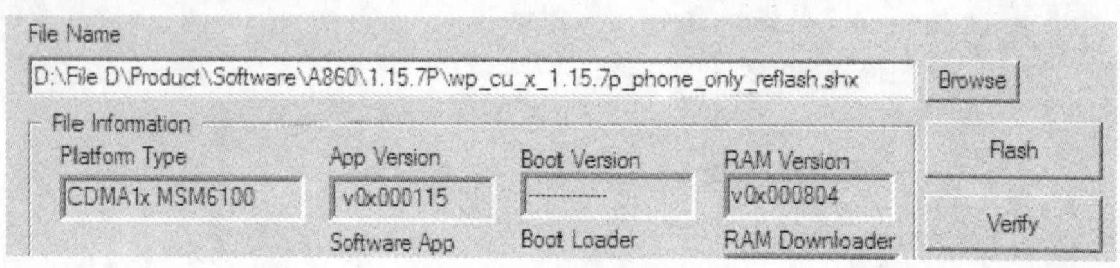

图 10-3　进入升级状态

5）单击“Flash”按钮，PST 的“Status”框里就将显示软件升级过程中的状态信息。同时显示升级的进度条。

在手机升级完成后，P2K Product Support Tool PST 会弹出如图 10-4 所示的升级结束提示对话框。

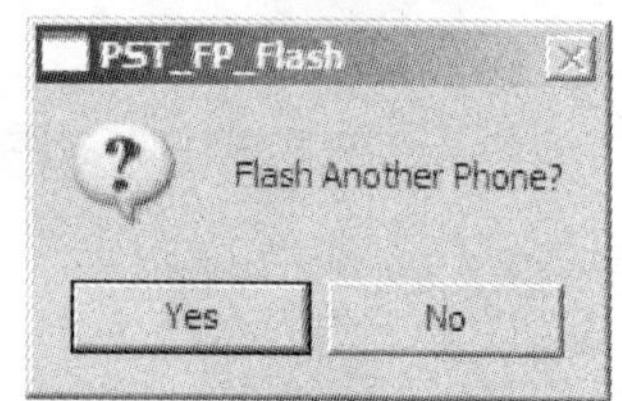

图 10-4　“升级结束提示”对话框

这说明手机升级成功，此时会手机自动关机。单击“Yes”按钮，接上另一手机，重复 3）~5）步骤即可升级同样手机。

注意：在升级工程中不能断电，不能中断 PST 程序。

（2）RSD 升级平台

1）打开摩托罗拉 RSD 升级平台，如图 10-5 所示。

2）单击“…”按钮，选择需要升级的文件，在右侧“File”窗口会显示调入文件的信息。

3）把手机开机，用数据线将手机与计算机连接。

4）连接成功后，在“Device”窗口会显示手机的信息，如 IMEI、手机内的软件版本等。

5）单击“Star”按钮，等待升级完成。注意：在升级过程中不要断电。

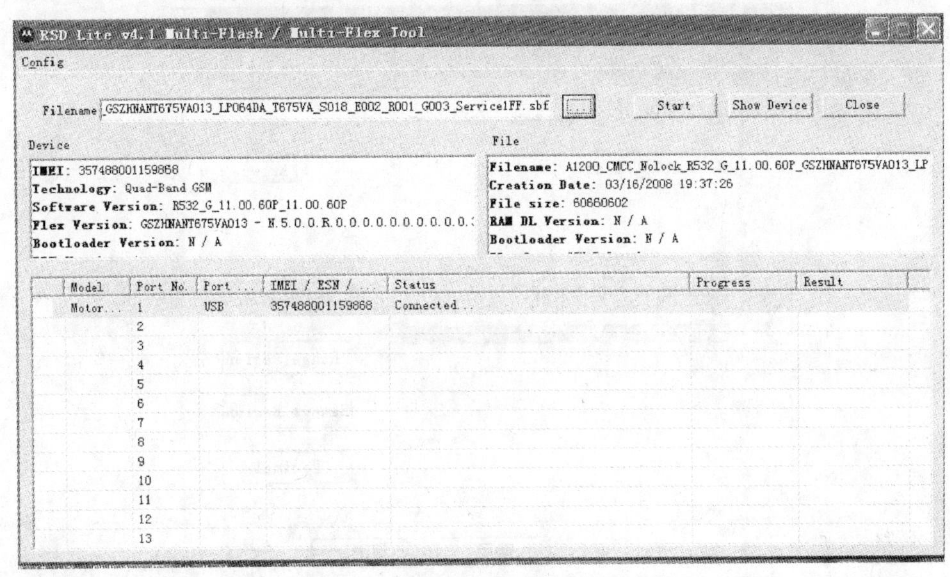

图 10-5 摩托罗拉 RSD 升级平台

2. 三星升级平台

三星 OptiFlash 升级平台

1）运行三星 OptiFlash 升级平台如图 10-6 所示。

2）选择通信端口和速率。“通信设置”对话框如图 10-7 所示。

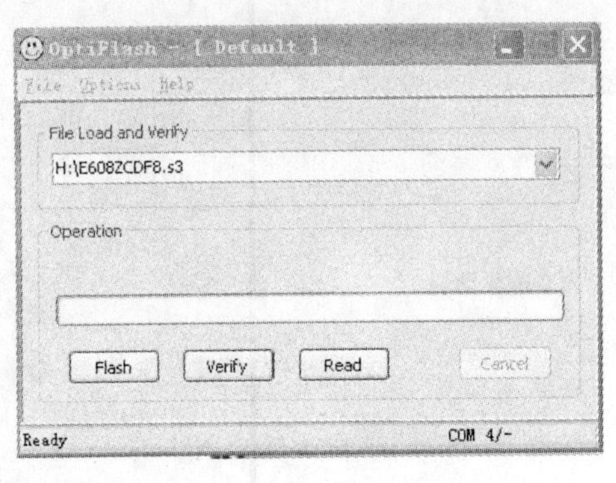

图 10-6 三星 OptiFlash 升级平台

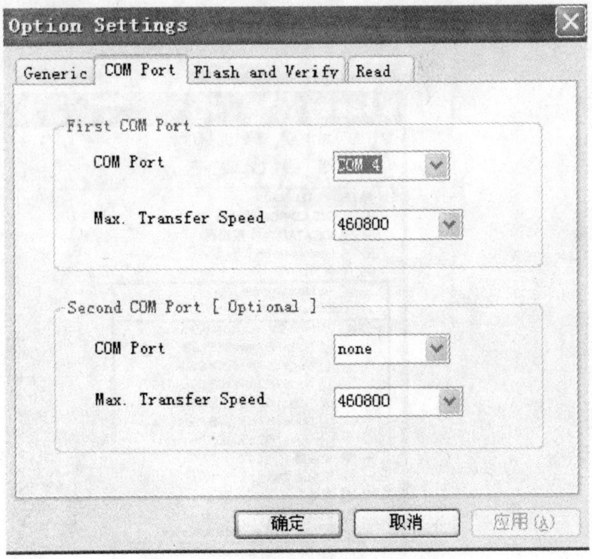

图 10-7 “通信设置”对话框

3）选择需要升级的文件。“调入升级文件”对话框如图 10-8 所示。

4）单击“Flash”按钮，等待升级完成。

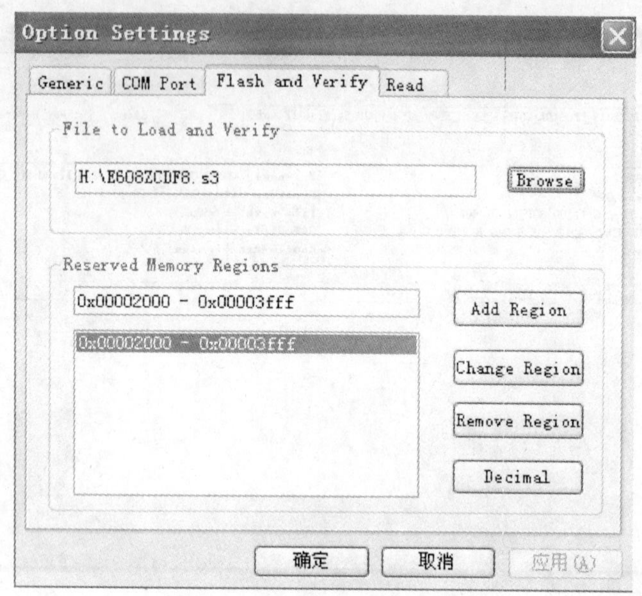

图 10-8 “调入升级文件”对话框

3. 诺基亚升级平台

1）安装凤凰刷机软件，安装刷机包都安装到默认路径。

2）将手机与计算机相连，这时手机会出现一个选择连接方式的窗口，当选择第一个模式连接手机时，应该是 PC 套件模式（PC SUITE）或者诺基亚模式，可以看到设备管理器里驱动加载正常。设备管理器窗口如图 10-9 所示。

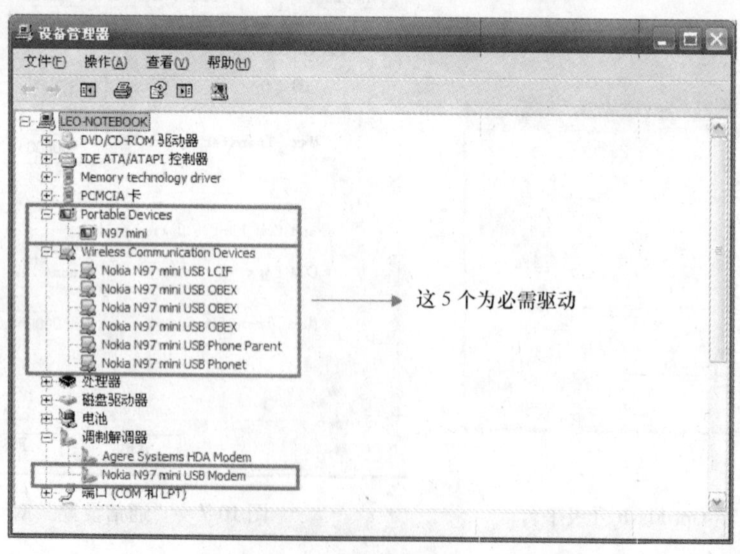

图10-9 设备管理器窗口

3）打开升级平台，凤凰刷机软件界面如图 10-10 所示。

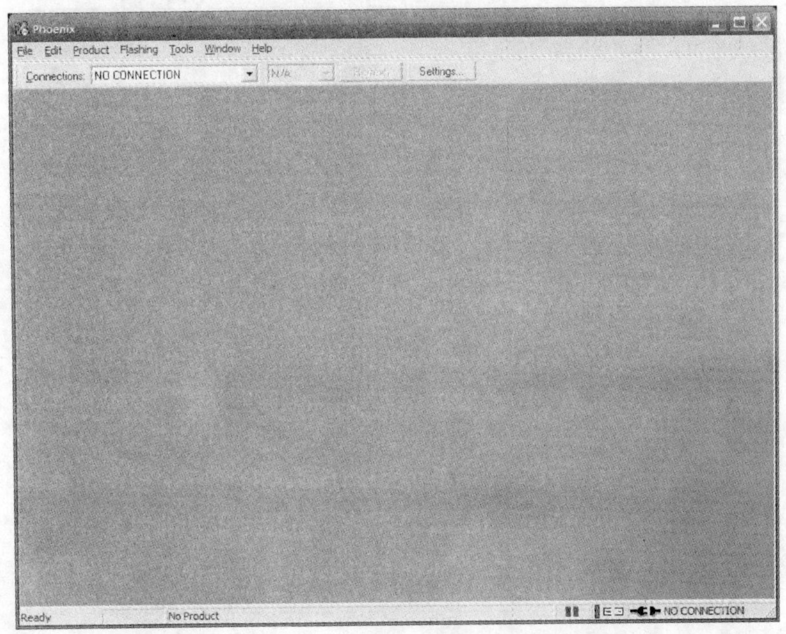

图 10-10　凤凰刷机软件界面

4）在下拉菜单中选择当前机型的工厂代码，如图 10-11 所示。

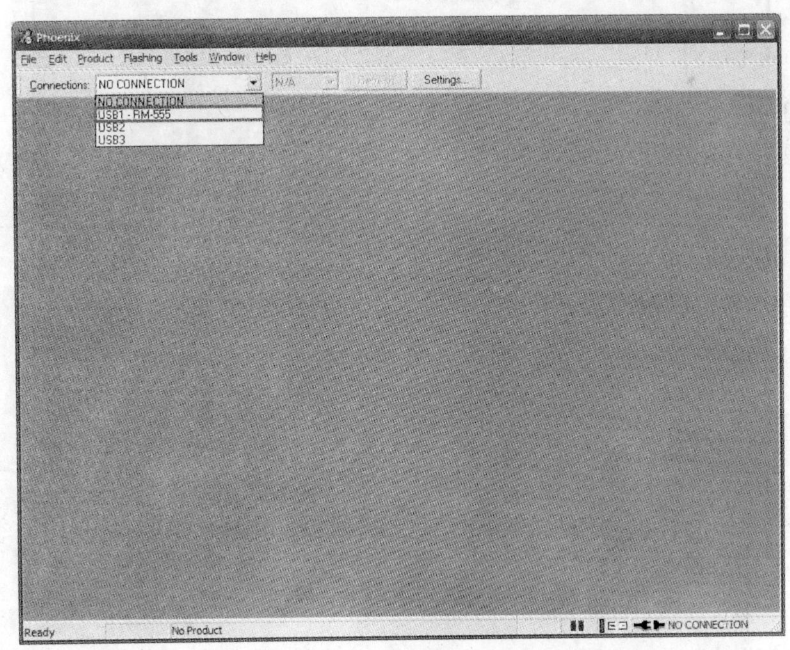

图 10-11　选择当前机型的工厂代理

5）单击“File”→“Scan Product”，计算机会搜寻手机。平台连接手机的窗口如图 10-12 所示。平台与手机正确连接后的窗口如图 10-13 所示。

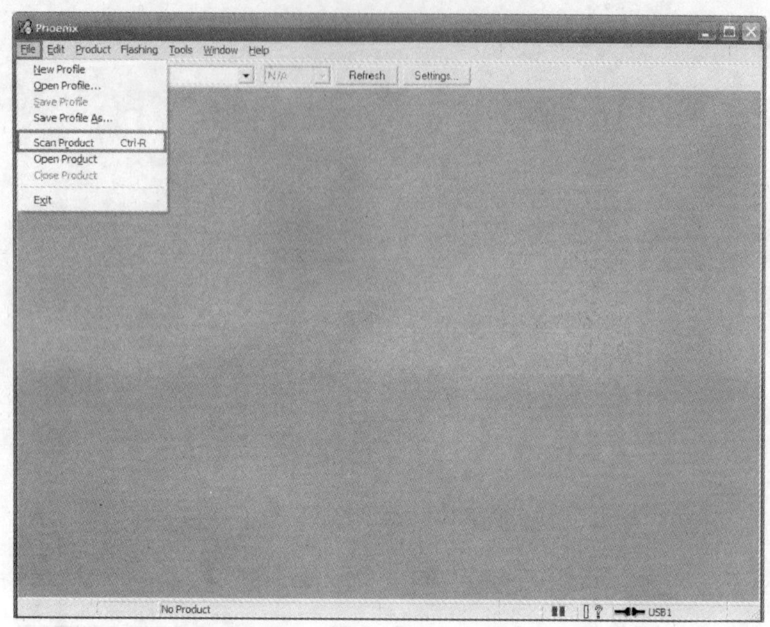

图 10-12　平台连接手机的窗口

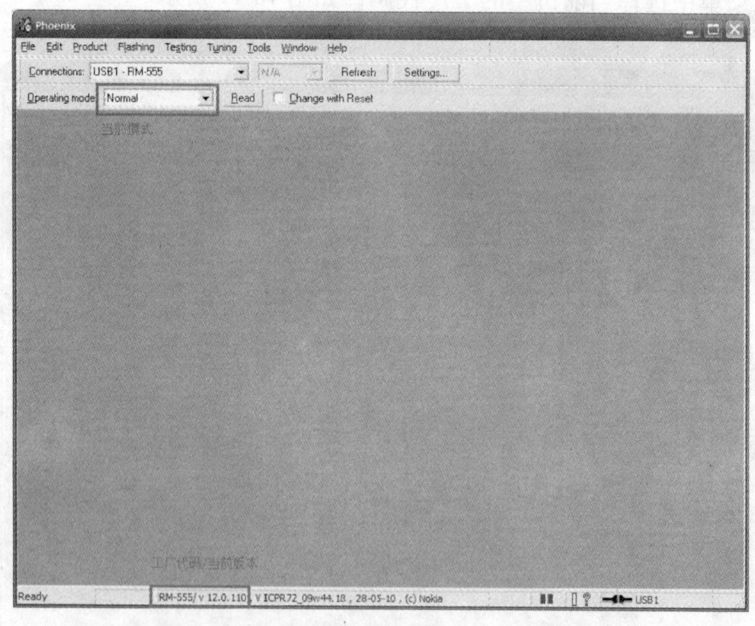

图 10-13　平台与手机正确连接后的窗口

6）单击"Flashing"→"Firmware Update"，打开如图 10-14 所示的"Firmware Update"窗口。

7）如果手机的 CODE 在安装的资料包内，那么就会直接显示相关信息，如图 10-15 所示；如果手机的 CODE 不在安装的资料包内，那么就会显示空白，如图 10-16 所示。

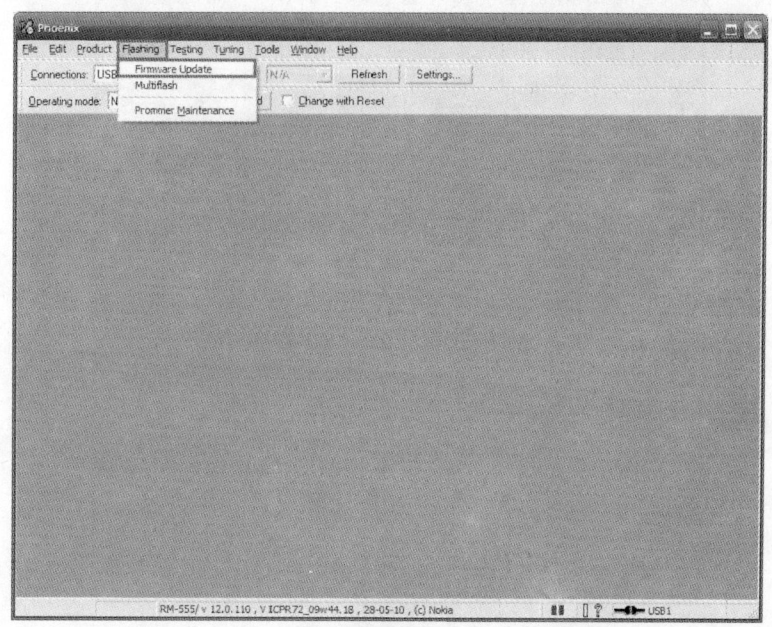

图 10-14　单击“Firmware Update”窗口

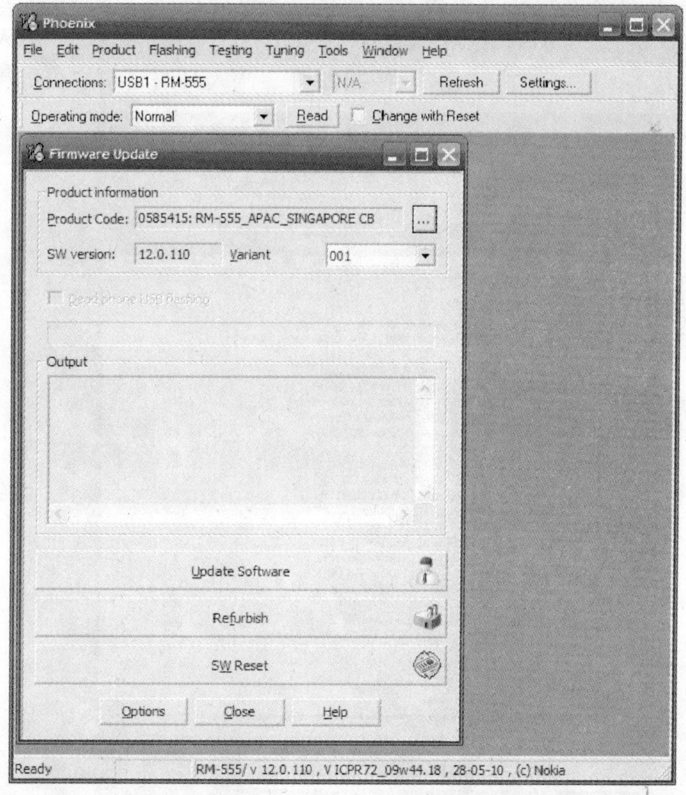

图 10-15　显示已安装升级资料

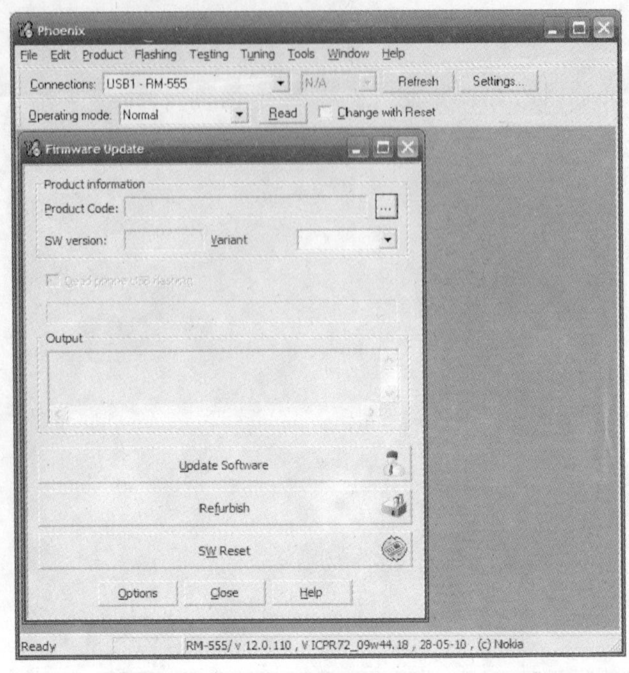

图 10-16　显示未安装升级资料

8）如果是未安装升级资料，可单击旁边的 ... 按钮进行 CODE 的选择（选择有中文的 CODE），一般（S60 机型为 APAC1、Singapore、Malaysia，S40 机型为 APAC-X、APAC-R）地区的 CODE 都有中文，选好单击“OK”按钮即可。调入升级资料窗口如图 10-17 所示。

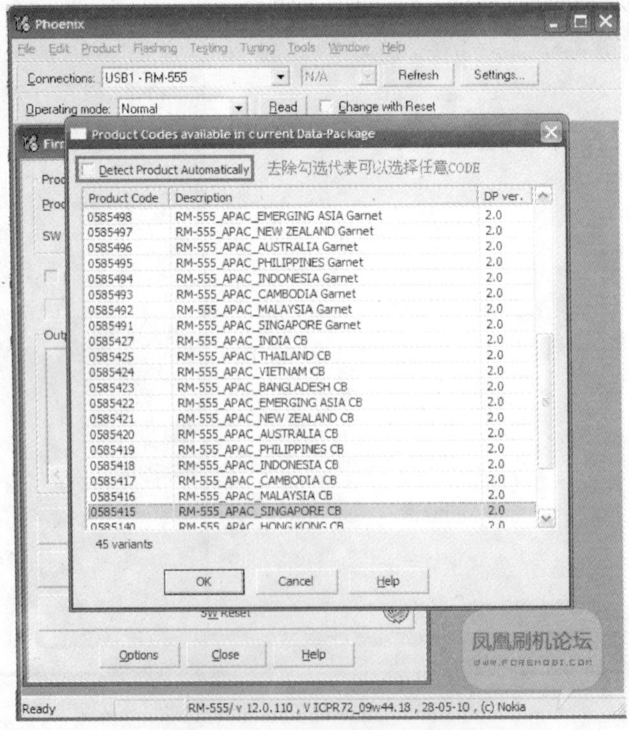

图 10-17　调入升级资料的窗口

9）单击“SW Reset”按钮开始刷机，等待刷机完成。开始升级的窗口如图 10-18 所示。

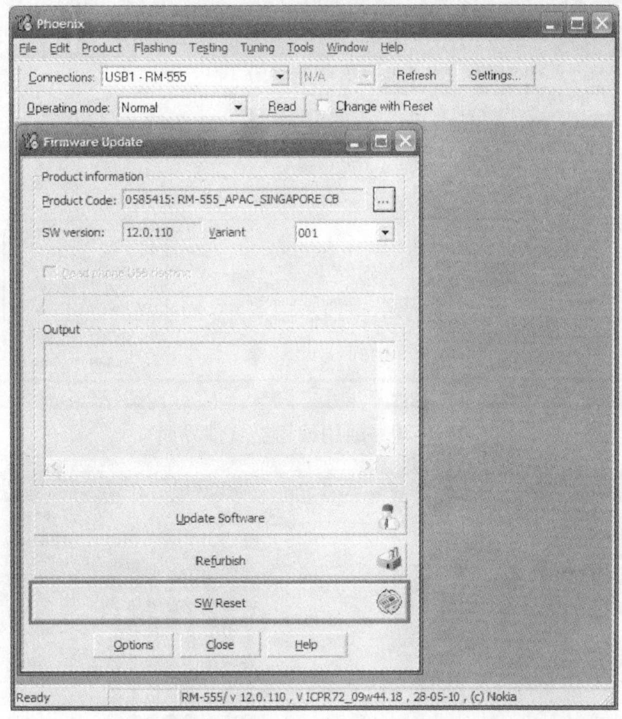

图 10-18　开始升级窗口

10. 2. 2　拆机软件维修

如果对手机的软件故障用免拆机方式进行维修后不起作用，或者手机不满足免拆机维修的条件，那么就需要采用拆机的方式进行维修，即需要把芯片从手机中拆下放到配有专用适配座（如图 10-19 所示）的通用编程器上，进行软件编程。这种维修方法较免拆机的方法难度高，风险性大，目前手机的芯片采用 BGA 封装形式，这需要维修员有很高的维修技能。下面介绍通用编程器的使用。

图 10-19　通用编程器适配座

1）将编程器与计算机连接，运行编程器软件。若连接成功，则在串口中显示“Use USB2. 0（480MHz）mode connected with UP-128”，如图 10-20 所示。

2）把芯片放到专用的适配座上，单击“select”按钮，选择芯片的型号，单击“OK”按钮。选择的同时在“Package”中会显示芯片的引脚排列。“Select Current Device”对话框如图 10-21 所示。

3）在主页面上选择“Open”，找到需要写入的文件。“Open file”对话框如图 10-22 所示。

4）单击图 10-20 中的“Prog.”按钮开始对芯片进行编程。

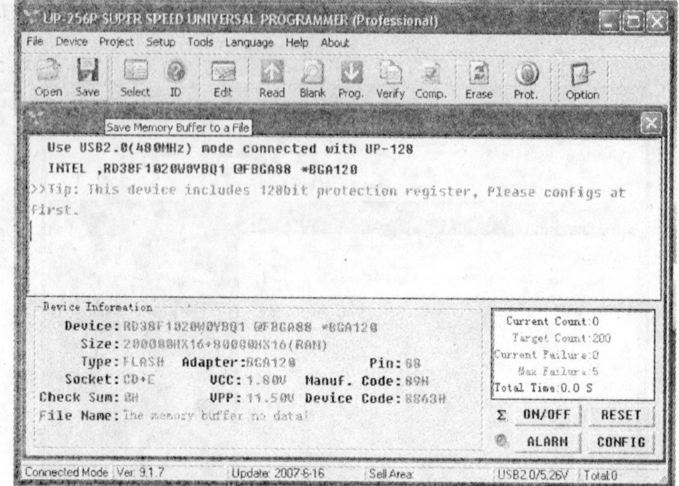

图 10-20 通用编程器软件界面

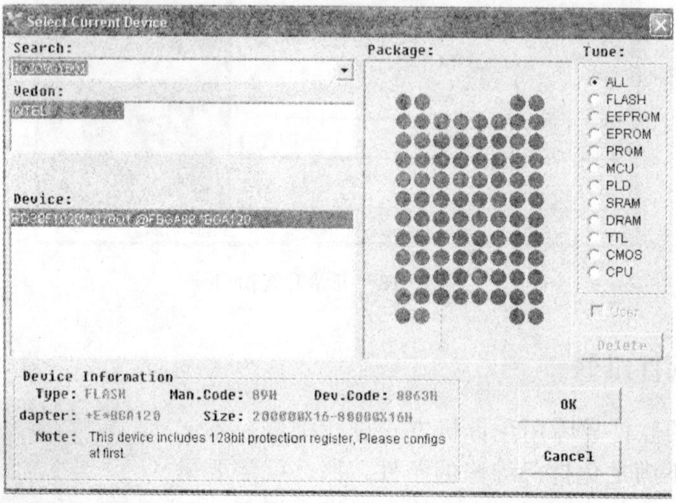

图 10-21 “Select Current Device”对话框

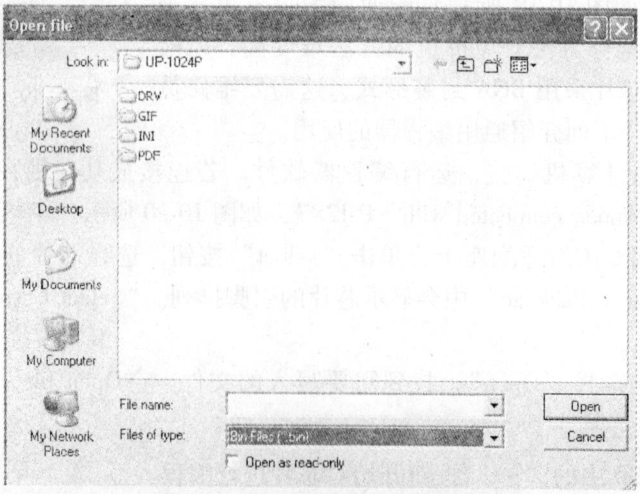

图 10-22 “Open file”对话框

5）如有芯片损坏或引脚接触不良，就会有如图 10-23 所示的提示信息。

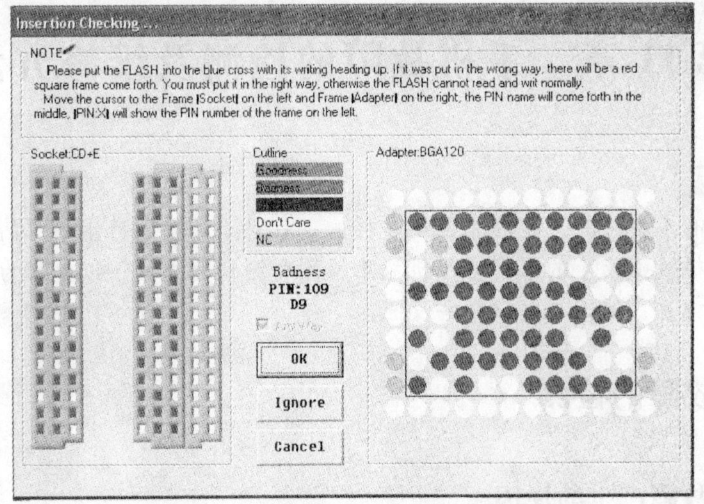

图 10-23　芯片损坏或引脚接触不良提示信息

6）在使用通用编程器的过程中，有些参数需要根据芯片的类型设置，如工作电压（V_{CC}）、编程电压（V_{PP}）等，可以在如图 10-24 所示的“通用编程器设置”对话框中进行设置。

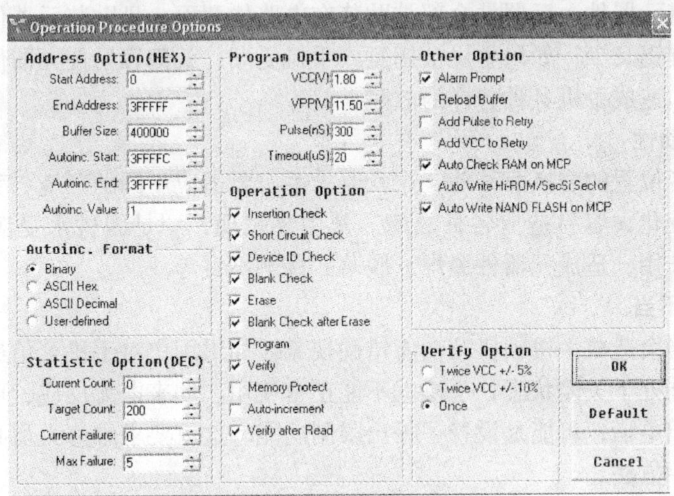

图 10-24　“通用编程器设置”对话框

不管对手机采用免拆机方式还是采用通用编程器方式进行了软件维修，除了确定故障排除以外，还都要对手机进行整体测试。主要检查的项目包括检查手机开机是否正常，检查手机的菜单选项是否全，检查手机的显示是否正常，检查手机是否有信号，检查手机通话是否正常，检查手机的稳定性如何等。

10.3　习题

1. 手机软件故障有哪些现象？
2. 手机中的存储器有哪些？简述其各自的特点。
3. 手机软件故障的维修方法有哪两种？简述其各自的优缺点。

第 11 章 手机故障的检测及维修方法

学习指导

手机的故障有多种，其产生的原因是多样的，针对不同原因产生故障的维修方法是不同的。本章介绍手机故障产生的原因、手机故障检测和测量的方法，以故障为导向，介绍各种故障的通用维修方法，使读者可以举一反三。

11.1 手机故障的检测

11.1.1 手机故障产生的原因

1. 手机表面焊接技术的特殊性

手机元器件的安装形式全部采用了表面贴装技术（SMT），手机电路板采用高密度合成板，正反两面都有元器件，元器件全部被贴装在电路板两面，且贴装元器件集成芯片引脚众多，非常密集，焊锡又少，如果手机被摔碰或手机受潮，就都容易使元器件虚焊或元器件与电路板接触不良，造成手机各种各样的故障。

2. 手机的移动性

手机随使用者位置的变换而移动，这就要求手机要适应不同的环境。手机使用的场所不同或因环境温度变化，容易造成各种故障。其主要表现，一是因进水受潮，使元器件受腐蚀；二是受外力作用，造成元器件脱焊、脱落、接触不良等。

3. 用户操作不当

用户操作不当会造成手机锁机及功能错乱现象。如果用户对手机菜单进行乱操作，就会使手机的某些功能处于关闭状态，手机就不能正常使用。如来电无反应，可能是设置了呼叫转移功能；打不出电话，可能是设置了呼出限制功能。这就要求维修人员必须熟悉手机的各种功能和操作使用方法。

4. 维修者维修不当

相当一部分手机故障是由维修者操作不当、胡乱拆卸、乱吹乱焊而造成的。在拆卸手机过程中，如果不按照正规的流程，就容易造成手机主板的损伤或元器件的脱落等。有些手机维修者，拆开手机不管什么故障，都乱吹乱焊，造成故障的扩大化。一些手机维修者在维修手机软件故障时，只看手机型号而不看手机的主板和硬件版本就写软件，造成了更为复杂的故障。

5. 用户使用保养不当

某些用户在使用手机时不爱惜手机，甚至在环境恶劣的情况下也使用。如雨天使用，就容易使手机进液；在粉尘较多的环境下使用，容易使得铁屑吸在振铃等元器件上；用非专用清洗剂清洗手机，容易腐蚀手机；用劣质充电器充电，会损坏手机内部的充电电路，甚至引发事故等。

6. 手机质量问题

有些非正规渠道买来的手机是经过拼装、改装而成的，特别容易出现因机板质量、技术低下而产生的故障。还有的手机虽然也是数字制式的手机，但并不符合我国网络规范，因此不能正常的使用。有一些手机在出厂前就已经维修多次，像这样的手机在出现故障后很难再修好。

11.1.2 手机故障的检测步骤及检测方法

1. 手机故障的检测步骤

（1）先了解后动手

首先要了解手机的功能和性能，学习操作使用和功能设置的方法。有许多手机故障，并不是硬件或软件故障，而是用户设置有问题，因此维修者应该熟悉手机的功能，不要盲目的拆机，使手机的故障扩大化。

（2）先清洁后维修

手机的很多故障都是由于使用环境或进水、进潮气而引起的，所表现出的故障现象往往比较复杂，因此，在检修时，首先应把电路板清洁干净，在排除由灰尘或进水引起的故障后，再动手检测其他部位。

（3）先机外后机内

在进行手机检修时要从机外开始，应首先检查菜单设置是否正确；电池是否正常；卡座、电源触片、天线等有无问题。经调试无效后，判断可能是某部分电路存在故障的情况下，再拆机对有可能存在故障的部位进行检测，以避免盲目维修，减少不必要的损失，提高检修的效率。

（4）先测量后维修

对于故障机，在拆机后，要先进行必要的测量，把故障点缩小，再对故障点进行维修。

（5）先静态后动态

指对机器处于不通电状态的先行检查。检查是否接触良好；有无断线及焊接不良；元器件有无烧坏等。然后在处于通电的工作状态下再进行动态检查。动态检查必须在经过静态时的必要检查及测量后才能进行，绝对不能盲目通电，以免短路烧坏其他电路而扩大故障范围。

（6）先电源后负载

电源系统是整机的供电中心，负载的绝大多数故障往往是供电源所致。在检修故障时，应首先检查电源电路，确认供电无异常后，再进行各功能电路的检查。很大一部分故障都是由于电源供电不正常造成的。

（7）先简单后复杂

手机单一原因或简单原因引起故障的情况占绝大多数，而同时由几个原因或复杂原因引起故障的情况要少得多。首先要检测可能引发故障中那些最直接、最简单的故障。不要将简单故障复杂化，那样做不但排除不了故障，而且会损坏主板而扩大故障范围。

（8）先通病后特殊

对某一类芯片组的手机，要了解其常出现的故障原因。可以采用经验加简单的测试来确定故障点（不用进行复杂的测试判断），既节省时间，又提高维修速度。

(9) 先末级后前级

先对末级电路进行检测维修。这种方法经常用于射频电路的维修，例如对发射电路故障的维修，可以先测量末级功放，再往前级测量，逐级测量就可以找到故障点。对于接收电路的检测维修，也可采用类似的方法。

2. 手机故障检测方法

对于手机的故障，可以利用一定的工具设备来进行检测。常用的工具设备如数字万用表、示波器、频谱分析仪等。借助于这些设备可以快速准确地查找故障点。

(1) 电阻法

测量电阻的方法就是通过用数字万用表的电阻档来检测元器件的对地电阻值，判断元器件或者电路是否有故障的一个常用的方法。从相应的资料上可以找出元器件对地的正向电阻和反向电阻的标准阻值（维修资料给定）。具体办法是，将数字万用表黑笔接地，红笔接各点，测得各点的正向电阻；将数字万用表红笔接地，黑笔接各点，测得各点的反向电阻。通过与资料上的阻值进行比较，确定是芯片故障还是所接外围电路的故障。

(2) 电压法

测量电压的方法是在手机维修中必不可少的方法。常用的方法是，打开手机，手机加电，触发手机的开机端，测电源芯片的各组输出电压的引脚是否有供电信号输出；对每一路供电按供电电路的负载逐级往下测，主要要测的两个部分是逻辑供电和 RF 射频供电。测试相关部位电路的供电，可以判断电路的故障点。

(3) 电流法

测量电流的方法在维修手机不开机及耗电故障中占有相当重要的地位。一般不是采用数字万用表串接在电路中进行测量，而是采用数字显示的直流稳压电源。数字直流稳压电源可以实时显示手机的工作电流，以方便电流的观测。在维修手机不开机故障时，主要就是利用电流法。例如在按手机开机键时，观察开机电流的变化，手机没电流或小电流或大电流，都分别对应不同的故障点。

(4) 频率检测法

频率检测的方法在手机维修中也至关重要，但是需要借助如示波器、频谱分析仪等设备。在手机电路中任何一个信号的频率偏移超过正常范围，都会导致手机出现故障。一般采用示波器测量一些频率较低的信号，如手机的实时时钟 32.768kHz、13MHz 等；用频谱分析仪检测手机射频电路频率比较高的电路故障。通过频谱分析仪对射频信号的测试，可以很快地对手机射频故障的部位进行判断。频谱分析仪主要用于查找射频电路的故障，示波器用于查找音频电路的故障。

(5) 波形检测法

在手机中除了电压信号以外，比较多的还是控制信号（如脉冲信号等），对这些信号用万用表是无法测量的，需要借助示波器。通过示波器可测量信号的有无、波形是否失真、参数是否准确等。

(6) 图解法

图解法是利用流程图或框图进行电路故障分析的方法。手机无信号的维修流程如图 11-1 所示。

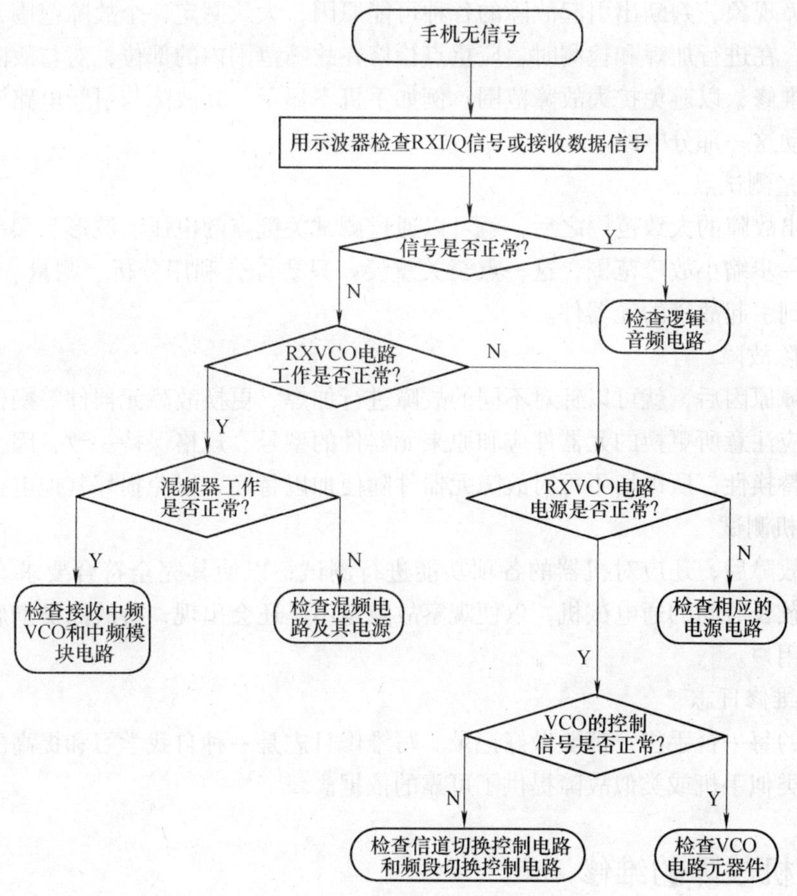

图 11-1　手机无信号的维修流程

3. 手机的维修方法

（1）询问用户

首先询问用户故障现象、发生时间、故障发生频率、机器平时使用情况、是否摔过、是否进液、是否修过等。观察手机的外观，有无明显的裂痕、缺损。例如手机自动关机，要问明是放在那里不动自行关机，还是移动手机的时候关机。故障出现方式的不同，说明了故障点的不同。

（2）掌握正确的拆装技巧

手机的外壳一般采用 PC-ABS 工程塑料，它的强度有限，其外壳的机械结构各不相同，有采用螺钉紧固、内卡扣结构的，也有采用外卡扣结构的，所以对于手机的安装和拆卸，需在明白机械结构的基础上再进行，否则极易损坏外壳以及手机的主板显示屏。手机的拆卸和安装是手机维修的一项基本功。

（3）观察故障现象

打开手机之前要先观测手机的故障现象，在确定不是设置故障或软件故障之后再打开手机机壳。在打开机盖之后，应首先对电路板进行外观检查，检查排线有无断裂、元器件有无虚焊和断线、有无损伤和腐蚀等，检查无误后方可进行通电观察。

（4）确定故障范围

根据故障现象，判断出引起故障的各种可能原因，大致圈定一个故障范围，以缩短维修故障的时间。在进行加焊和检测时，应重点检修在故障范围内的部位，对与故障毫无关系的电路不要去维修，以避免扩大故障范围。例如手机不显示，其故障与射频电路没有关系，所以就不要去动这一部分电路。

（5）测量测试点

在判断出故障的大致范围之后，就可以通过测试关键点的电压、波形、频率，并结合工作原理来进一步缩小故障范围，这一点至关重要。只要综合利用分析、测量、判断等方法，就能最终找到引起故障的元器件。

（6）排除故障

找出故障原因后，就可以针对不同的故障进行加焊、更换故障元器件等操作了。在更换元器件时，应注意所更换的元器件应和原来元器件的型号、规格保持一致，因手机元器件没有太多的可替换性，所以切不可对故障元器件随便加以替换，以免损坏其他电路。

（7）整机测试

在排除故障后，还应对机器的各项功能进行测试，以使其完全符合要求。对一些软故障，应进行较长时间的通电试机，以便观察故障是不是还会出现，待故障被彻底排除了，再将手机交于用户。

（8）写维修日志

对修过的每一台手机，都要做好记录。写维修日志是一种自我学习和提高的好办法，也为以后维修类似手机或类似故障提供了可靠的依据。

11.2 手机故障的维修

不同品牌以及同品牌不同型号的手机，在软硬件上存在一定的差异，但是对于同一类故障的分析与检修方法却具有相同点。手机的故障分析与检修方法并不是固定不变的，根据手机设计不同、电路实现的不同、故障的特点不同以及维修设备的差异、维修员不同的维修思路等因素，维修流程可以是多种多样的。

在对故障手机进行维修时，需要一些必备的维修工具设备。焊接设备如恒温电烙铁、热风枪、数字显示直流稳压电源等；测量工具如数字万用表、示波器等；像频谱分析仪、手机综合测试仪等比较昂贵的设备可以作为选配。下面以摩托罗拉 V998 手机的故障为例，介绍常见故障的通用维修方法。

11.2.1 不开机

在手机的各种故障中，不开机故障是经常遇见的故障，同时也是手机中比较难修复的故障之一。在维修手机不开机的故障时，应该以前面介绍过手机的开机过程中需要的信号作为主线来进行检测与维修。手机开机需要开机触发信号、电源供电电压、工作时钟信号、复位信号、开机软件支持及开机维持信号等。对于不开机故障的检测，主要以观察手机的开机电流为依据，同时测量手机开机信号，分析判断故障点。手机的开机过程已经在前面介绍。手机的正常开机电流如表 11-1 所示。

表 11-1　手机的正常开机电流

手机当前状态	参考工作电流/mA
手机加电，未开机状态	0
按手机开机按键，手机自检运行开机软件	30 ~ 50
手机出现开机画面	150
手机进入搜索网络界面	120
手机入网	240
进入待机状态	130
背景灯熄灭	30
手机进入睡眠待机状态	6

在维修之前，应询问用户手机在什么情况下出现不开机，是在正常使用情况下还是人为损坏造成，不同情况维修方法亦不同。

1. 在正常使用过程中出现不开机

对正常使用中出现不开机的情况，可用带有电流显示的手机维修专用直流稳压电源给手机供电，按手机开机键观察电流。

（1）按开机键，无电流显示

不论是哪一款手机，当按下手机的开机键时，都是给手机的开机触发端一个触发信号，让手机开机。触发信号分为两种，一种是由高电平变为低电平触发，另一种是由低电平变为高电平触发。一般采用前一种触发的情况较多。V998 手机采用由高电平变为低电平触发，可以测量手机开机键的触发端有无 >3V 的高电平。由图 11-2 所示的 V998 手机开机键原理图和电路板图可知，开机触发信号从 J800 的第 1 脚可以测到，如图 11-2b 所示。若测不到高电平，则故障分为两种情况，一种是电池的电压没有加到电源芯片上，另一种情况是开机触发电路有问题。可以先测量电池接口到电源芯片的电路，判断是否电池电压加到供电芯片上，再测量电源的开机触发端到达开机键的通路有无问题。若都没有问题，则可能是电源芯片有问题。

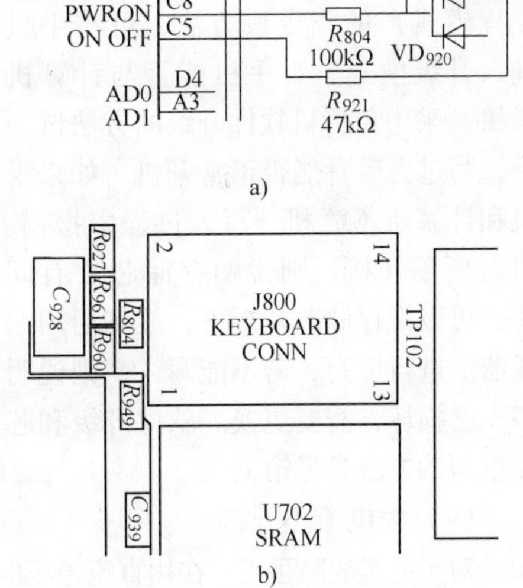

图 11-2　V998 手机开机键原理图和电路板图

a）开机键原理图　b）开机键电路板图

（2）按开机键有电流显示，为 10mA 左右

对这种故障，重点测量的是主时钟信号和复位信号，即测量主时钟信号、复位信号是否送到逻辑电路。V998 手机的主时钟信号和复位信号测试点分别如图 11-3 和图 11-4 所示。测主时钟信号，用示波器可以在 C_{704} 处测到一个 13MHz 的正弦波信号；测复位信号，可以用万用表在 R_{700} 处测到一个高电平。如没有主时钟信号，则可测量时钟晶体和主时钟电路的供电。

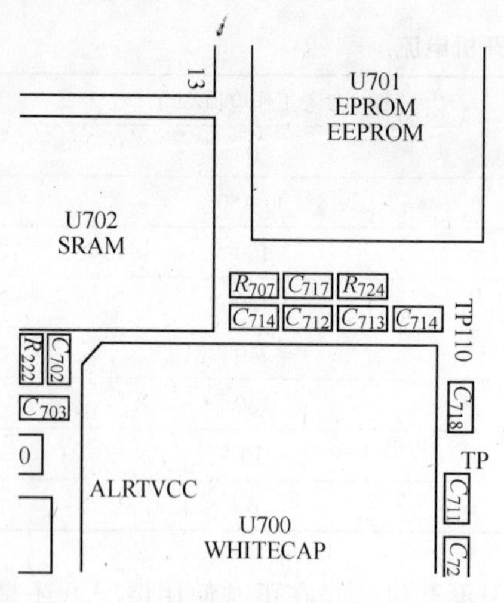

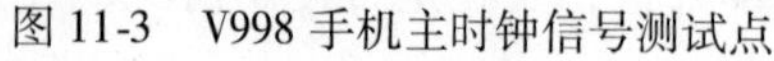
图 11-3　V998 手机主时钟信号测试点

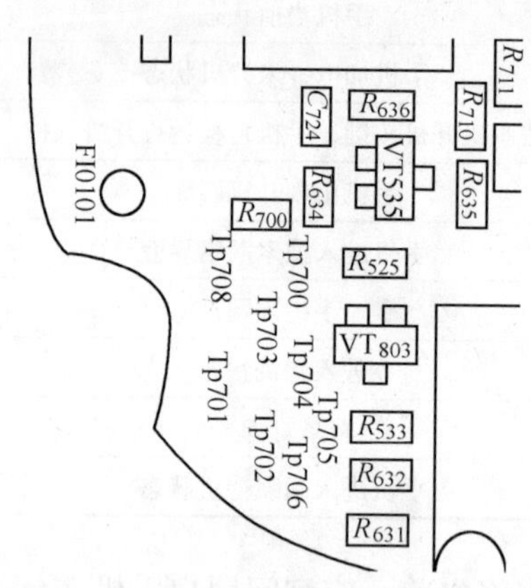

图 11-4　V998 手机复位信号测试点

（3）按开机键有电流显示，在 30～50mA 左右停顿一下归零

测到此种电流，基本上是属于开机软件部分故障。此种故障可分为软件损坏和硬件损坏，V998 手机逻辑电路中存储软件的芯片是 U701，如图 11-5 所示。大部分手机都有进入强制升级模式（又称为工程模式）的指令或方法，可将手机进入升级模式，看手机能否与计算机联机，采用免拆机软件升级的方法试一下，写过去后看能否正常开机。如果手机和计算机不联机、写入过程中报错、写入后不开机，则说明存储芯片有问题，可以把存储芯片拆下，放到通用编程器上进行重写，若不能写入，则说明字库已损坏，需要更换。软件升级和芯片重写的方法参见第 10 章。

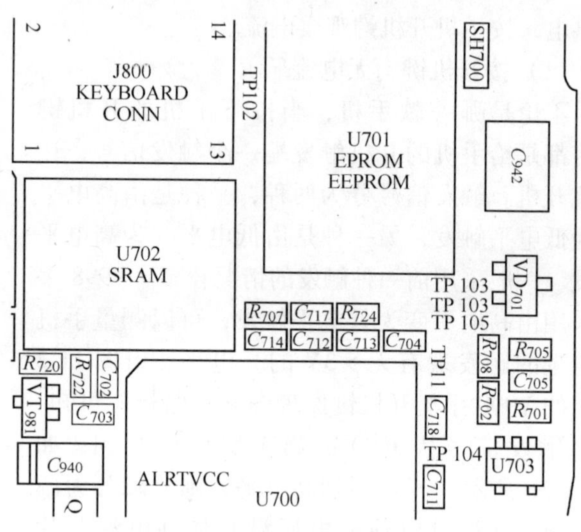

图 11-5　V998 手机逻辑电路中存储软件的芯片

（4）大电流不开机

对于此类故障手机，在用直流稳压电源加电几秒钟后，用手去摸一下主板上的元器件，看有无发热现象。如有除电源外的元器件发热，就可以先对此元器件进行代换，看故障能否排除。如果只有电源芯片发热，就不要马上认为电源芯片损坏，要先测量电源输出的各组电源有无异常。对于有异常的输出，应该先查此组输出电压的负载电路，检查是否因负载而导致大电流。

对于其他类型不开机的故障，维修的思路还是以检测与开机有关的信号为主。通常检测开机触发信号、逻辑供电电压、逻辑主时钟信号、复位信号及手机软件等。

2. 人为损坏造成不开机

对于进液造成不开机的手机，拆机后重点应检测电路板上有腐蚀痕迹的地方。在放大镜下观察电路板上有无腐蚀短线的地方，元器件的引脚有无腐蚀脱落等情况。对电路板上有腐蚀断线的地方，可根据图样，用细的漆包线进行连线；对引脚腐蚀的元器件，可根据其参数进行更换。

对摔过而造成不开机的手机，拆机后重点要检查有无虚焊和元器件脱落的情况。虚焊造成的不开机故障，大部分是因为逻辑电路虚焊，所以应重点检查 CPU 字库等电路，进行相应的重焊和补焊。对于元器件脱落的情况，应通过图样，更换相应的元器件。

11.2.2 信号故障

手机故障中的信号故障一般是指手机出现无接收信号、接收信号弱、有信号打不出去、拨打电话困难等射频电路的故障。根据手机射频电路的原理，把手机射频电路故障分为无信号和无发射两大类。在维修射频故障时，根据维修仪器设备等条件的不同可以分为两种维修方法，若有测试设备，则可以根据原理图，一级一级的测量信号确定故障点；若设备不全，则可以根据原理图结合手机的特点来维修。一般对射频部分故障的维修，需要信号发生器和频谱分析仪。

信号的故障主要出现在射频部分，而接收电路和发射电路也都会引起信号故障。因此，在维修前需要先确定是接收电路还是发射电路引起的故障。具体方法如下。

1）手动搜网。进入手机主菜单，看在手机设置中有无网络设置功能。先将网络搜索方式设置为手动搜索，再看可用网络。手机若能够搜索到网络，屏幕出现“中国移动”或“中国联通”等字样，则说明手机的接收电路是正常的，应去查找发射电路。若搜索不到网络，则应先检测手机的接收通路，发射电路是否有故障还不能确定。维修无信号的思路是，先维修接收电路，再维修发射电路。

2）看手机有无信号指示。有些手机在不插 SIM 卡的情况下，也有信号指示（如三星系列在手机开机后就有信号指示），说明接收电路是好的，应去检查发射电路。若无信号指示，则应先维修接收电路。

1. 无信号

对于接收电路故障造成的无信号一般维修方法是，将信号发生器设置在某一信道上，把信号输入到手机天线，将手机设置为接收状态，使信道设置与信号发生器一致，用频谱分析仪从前级往后级测量，查找故障点。

测量信号前，需要先测量接收电路的供电电压是否正常，接收使能等信号是否正常。先测量 RXI/O 信号，如能测到，则说明前级接收电路正常，故障出现在逻辑电路的基带处理部分；如测量不到，则说明故障出现在接收电路。对于接收电路，依次检查天线开关电路的输入输出、高放电路的输入输出、本振电路信号、混频电路的输出等。对于逻辑电路故障，重点应测 CPU 输出的控制信号和手机软件。

以 V998 手机为例，射频电路的部分电路的板图如图 11-6 所示。将手机插入测试卡中，长按 <#> 键使手机进入测试状态，输入“110062#”将手机设置于 62 信道，输入“08#”将手机打开接收。用信号发生器产生一个 947.4MHz 和 -70dBm 左右的信号，从手机的天线注入，测一下 C_{1262} 上有无 947.4MHz 的信号，如能测到说明前面的电路工作正常；如测不到，则检查高放电路 VT_{460} 更换相应器件。测一下电容 C_{489} 上有无本振信号 1347.4MHz，如能测到说明本振正常，不用检查本振电路。测一下 C_{496} 输出有无一中频 400MHz，如果没有，则说明 VT_{490}、FL457 损坏，若有，则说明射频部分工作基本正常。

如果没有测试设备，可以根据原理图先测量接收电路元器件的工作点是否正常，采用代换的方法，重点检查一下接收电路上的各个滤波器元器件。

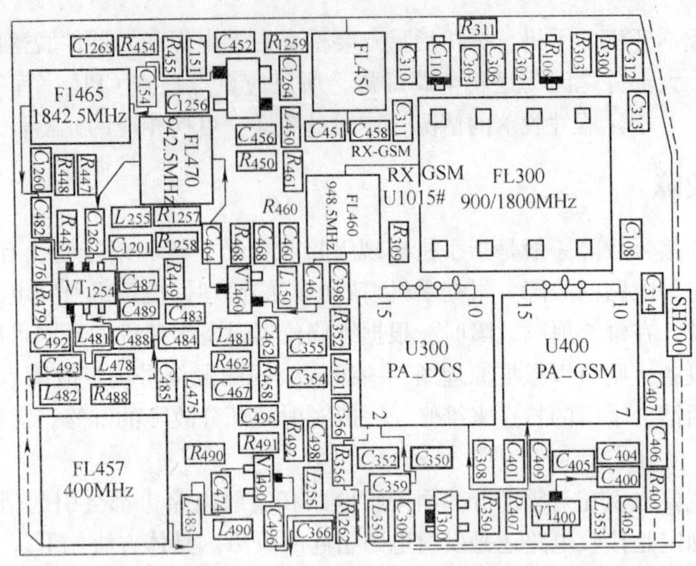

图 11-6　V998 手机射频电路的部分电路的板图

2. 无发射

在维修无发射的故障时，只需要用到频谱分析仪。把手机设置于某一信道上，手机打开发射，用频谱分析仪逐级查找故障点。同维修接收电路一样，在测量信号前，需要先测量发射电路的供电电压是否正常，发射使能等信号是否正常。先测量 TXIQ 信号，如能测到，就说明逻辑电路的基带处理部分正常，故障出现在后级的发射电路；如测量不到，就说明故障出现在逻辑电路的基带处理部分。

以 V998 手机为例，发射 VCO 电路的板图如图 11-7 所示。发射功放电路如图 11-5 所示。用测试卡进入测试状态，将手机设置于 62 信道，输入“310#”将手机开发射。测一下 VT_{455} 输入上有无 902. 4MHz 的信号，若有，则说明前面的电路工作正常，不用检查发射 VCO U250 以及中频 U913 电路。测一下电容 C_{325} 上有无信号 902. 4MHz，若有，则说明 VT_{455} 正常，不用更换 VT_{455}。测一下功放的输入输出，看信号是否得到放大，若没有放大，则需要更换功放。

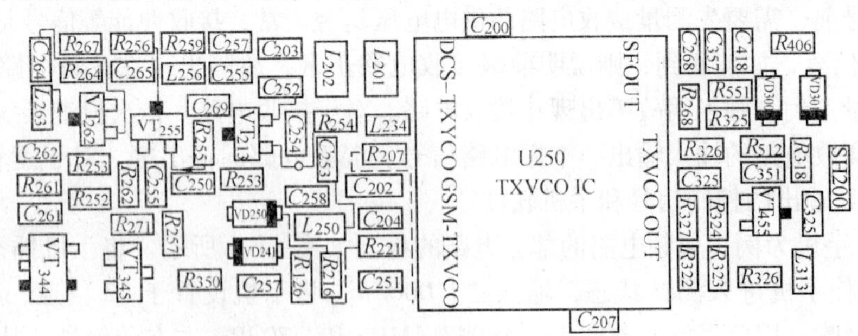

图 11-7　V998 手机发射 VCO 电路的板图

若没有频谱分析仪，遇到无发射故障（大部分的故障出现在功放电路上），则可先更换功放，看故障能否排除。

11. 2. 3　显示故障

手机不显示、显示错乱等都属于显示故障，是手机故障中常见的故障，也是比较容易维修的。对于直板的手机，若出现不显示故障，则可重点查找显示屏和显示电路；对于翻盖和滑盖手机，应重点检查排线及附近的电路。

V998 手机显示接口电路的板图如图 11-8 所示。首先用一个好的显示屏代替一下，检查是不是显示屏的故障；再查显示屏接口 J700 是否虚焊，重焊 J700；查 J700 的压条是否压紧、松动，更换压条或 J700；查 J700 旁边的负压发生器 U901 的 1 脚有无 -5V 的电压，2 脚 V1 有无 +5V 的电压。若无 +5V，则看一下是否到电源的线断开，可更换电源。若无 -5V，则更换 U901。

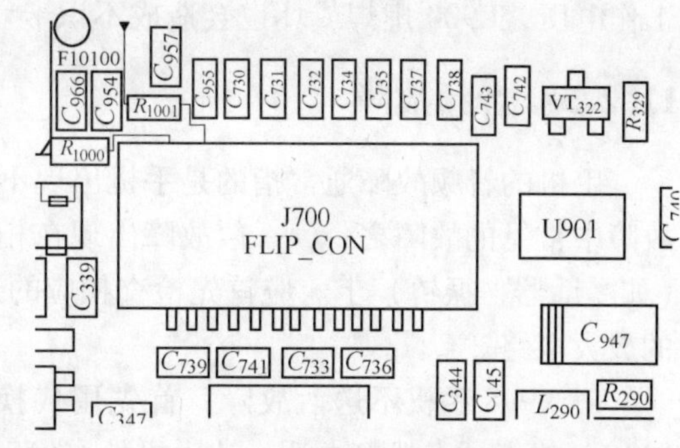

图 11-8　V998 手机显示接口电路的板图

11.2.4　不读卡

不读卡的故障一般是卡的问题或接触不良等原因造成的，重点应先检查 SIM 卡接口是否清洁，再检查 SIM 卡的供电、I/O、复位、时钟、接地信号。

V998 手机 SIM 卡接口电路的板图如图 11-9 所示。首先检查卡座 J900 有无虚焊，到电源

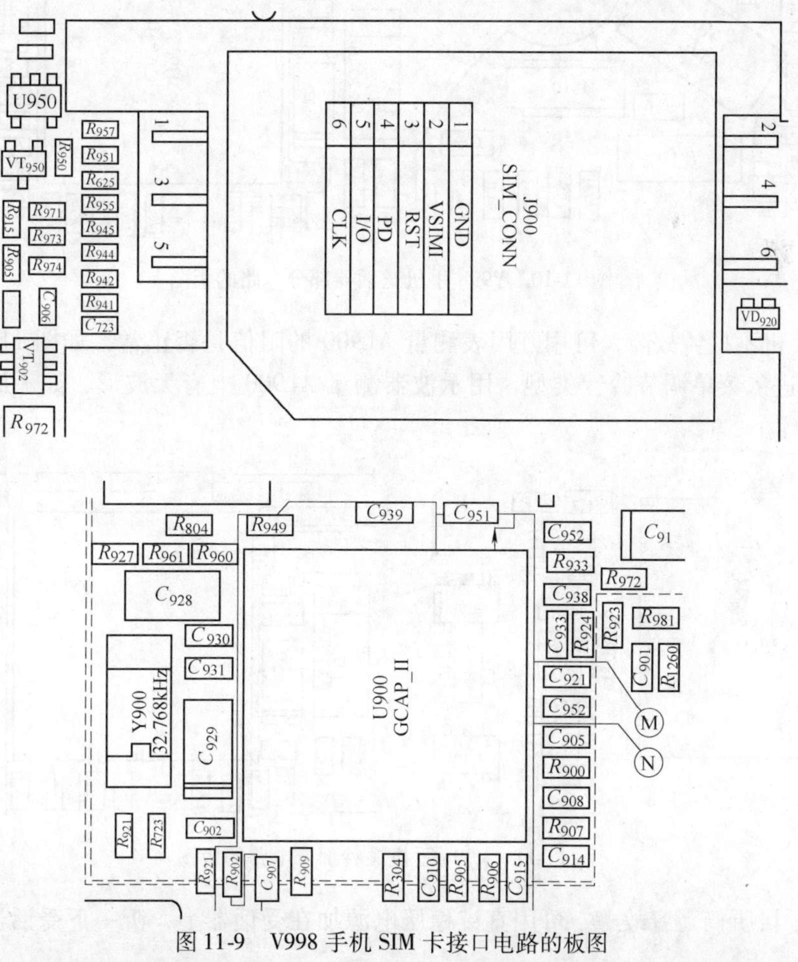

图 11-9　V998 手机 SIM 卡接口电路的板图

有无断线。重焊 J900，到电源连线。SIM 卡座是通电源 U900 接到 CPU，同时给 SIM 卡提供工作电压，U900 虚焊或坏也会造成不识卡。重焊或更换 U900。

11.2.5　音频故障

手机的音频故障通常指的是手机出现不送话、不受话、不振铃的故障。音频故障是手机故障中常见的故障之一，一般故障出现在相应的声电转换器件（如送话器）、电声转换器件（如受话器、振铃）上。应首先检查相应的送话器、受话器、振铃等元器件，然后检测信号的放大电路。

对 V998 手机不送话故障，首先用代换的方法，检查是否是送话器损坏。不插卡拨打“112”或者插卡拨打电话，让手机处在发射状态，用万用表测量 C_{912} 处是否有 2V 左右的电压。V998 手机送话器部分电路的板图如图 11-10 所示。以上都没有问题，再用示波器测量 C_{911}（如图 11-10 所示）、C_{910}（如图 11-13 所示）处有无音频信号。如有音频信号，则可判断 U900 芯片存在故障。

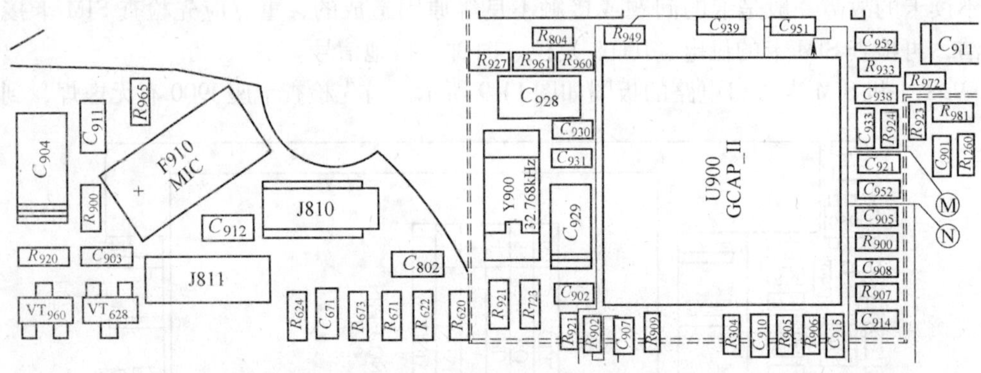

图 11-10　V998 手机送话器部分电路的板图

V998 手机不振铃故障，可用万用表测量 AL900 的阻值是否正常，如图 11-11 所示。手机开机后，进入菜单调节铃音类型，用示波器测量 AL900 上有无波形，如无波形，则故障出在 U900 上。

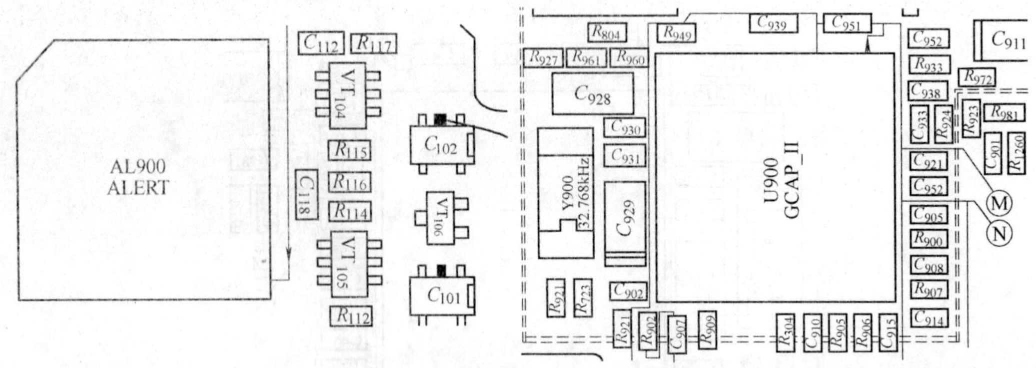

图 11-11　V998 手机振铃部分电路的板图

V998 手机听筒无音故障，可用直流稳压电源加在受话器上，听一下受话器是否能发出

"咔咔"的声音，先判断受话器的好坏。用好的带排线的显示屏代换一下，排除是否因排线引起的受话器无音。用示波器测量 R_{1000}、R_{1001} 处是否有音频信号，如图 11-12 所示。如果没有波形则故障出在 U900 上，如图 11-13 所示。

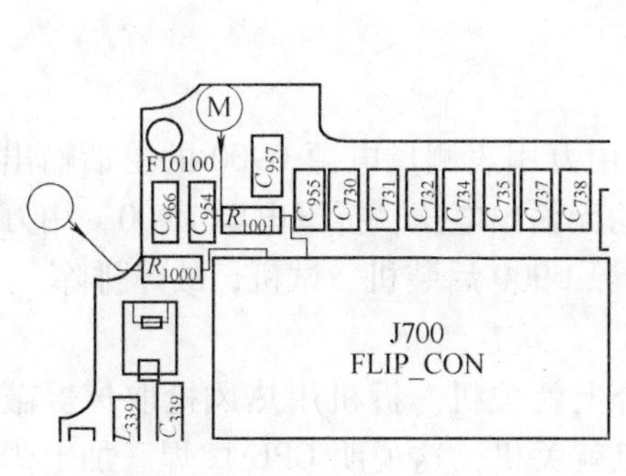

图 11-12　V998 手机受话器接口部分电路的板图

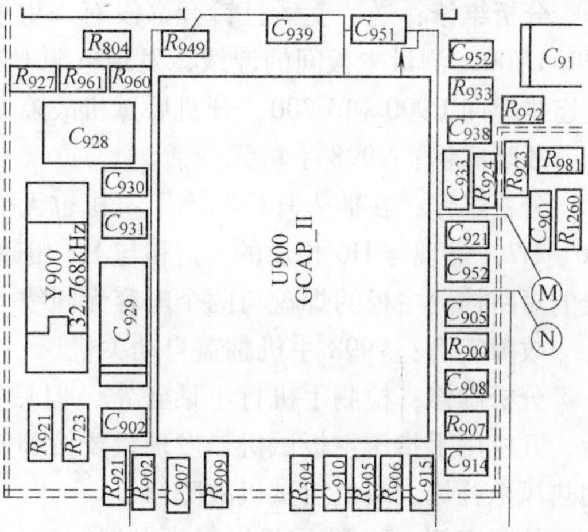

图 11-13　V998 手机电源音频芯片部分电路的板图

11.2.6　充电故障

手机不充电故障也是常见故障之一。首先用代换的方法，排除是否为充电器损坏。确定是手机故障后再检查充电电路。在检查充电接口电路时，应测量充电器电压是否已加到手机上。V998 手机充电部分电路的板图如图 11-14 所示。应检查充电二极管 VD_{932}、限流电阻 R_{932}、充电控制 VT_{932}。若有烧坏的元器件，则更换。

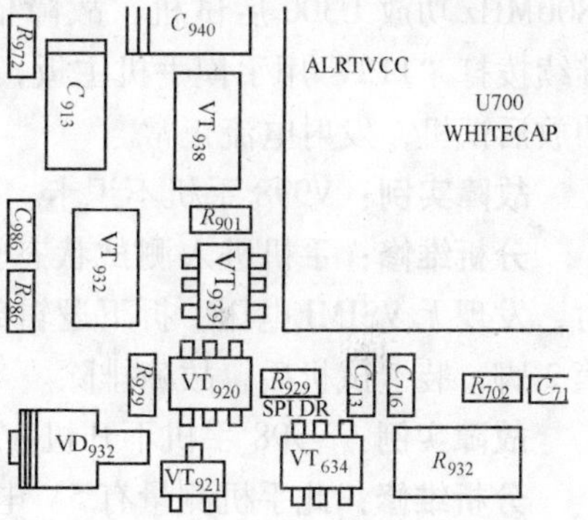

图 11-14　V998 手机充电部分电路的板图

11.2.7　按键故障

按键故障也是手机的常见故障。其表现为按键不灵敏，按键连号等，一般是按键弹片和按键板有氧化物造成的。首先应检查按键是否清洁；其次对于某一行或某一列失灵的现象，重点应测量这些按键所对应的行列扫描线电压是否不正常；其次对于断线情况，可以用细漆包线进行连接。

V998 手机按键故障重点应检查 J800 的按键接口板，其电路的板图如图 11-15 所示。

图 11-15　V998 手机按键接口电路的板图

11.2.8　V998 手机维修实例

故障实例：V998 手机摔过出现不送话。

分析维修：拆机仔细观察主板，发线 R_{900} 没了，装上此电阻修复故障。R_{900}、R_{965} 是摔机引发无送话的常见故障点。

故障实例：V998 手机摔过出现无送话、无受话、无铃音。

分析维修：送、受话且铃音都没有，更换电源 U900 后仍不起作用。拆下电源 U900 和 CPU U700，测量主板间的连线，发现电源 U900 的 F5 脚到 CPU U700 的 D7 脚断路，用漆包线连线焊回 U900 和 U700，开机后试机故障修复。

故障实例：V998 手机无受话。

分析维修：在插入耳机状态下试机也无受话音，用万用表测量电源 U900 的受话输出端 H6、H7，发现与 H6 相通的 C_{952} 和与 H7 相通的 C_{953} 均无输出电压，拆下电源 U900，用万用表的短路档测主板的焊盘与两个电容无断线。更换电源 U900 后装机、试机，故障排除。

故障实例：V998 手机翻盖自动关机。

分析维修：检测手机打电话正常，但只要翻盖合上就关机。拆机用热风枪取掉屏蔽罩后，开机用手指压主板试机，发现只要按到 CPU 手机就关机，这说明 CPU 虚焊。加上焊油用热风枪补焊，装机后试机故障修复。

故障实例：V998 手机发射大电流。

分析维修：拨“112”试机，发现手机发射电流达到 450mA，发射电流明显偏高，拆下 1800MHz 功放 U300 后试机，故障依旧，再拆下 900MHz 功放 U400 试机，故障依旧存在。继续拨打“112”用手摸手机主板，发现负压产生芯片 U901 发烫，换负压芯片 U901，装回功放后试机，发射电流正常。

故障实例：V998 手机不识卡。

分析维修：手机进入测试状态输入“38#”激活 SIM 卡电路，当测量到 J900 的供电脚时，发现无 VSIMI 电压，拆下逻辑部分屏蔽罩检测 C_{928} 有 VSIMI 电压。用漆包线连到 SIM 的第 2 脚，装卡试机后，故障排除。

故障实例：V998 手机不开机。

分析维修：此手机测量有 5V 电压，电源 U900 各输出电压也正常，13MHz、32.768kHz 时钟也正常，判断故障应该在逻辑电路。对 RAM 进行重新植锡不起作用，用编程器重写 U701，但多次写资料后还是不能开机，随后更换 CPU U700，手机故障排除。

故障实例：V998 手机进水无信号。

分析维修：将进水机拆机后发现主板腐蚀，放进超声波清洗仪里用清洗剂清洗，取出后吹干试机，手机电流在 50mA，检测中频为 13MHz 信号，故障出在 13MHz，检测 13MHz 通路正常，发现中频 U913 左下角的 R_{1002} 处无 5V 供电，而 R_{1002} 是由 VT_{920} 供电，拆下逻辑屏蔽罩发现 VT_{920} 引脚已腐蚀出锈痕，且多处元器件也同样腐蚀出锈痕，用牙刷在超声波清洗仪里刷干净后吹干试机，手机出现信号。

故障实例：V998 手机无信号。

分析维修：在中频与 J6 脚相通的 R_{255} 测 13MHz 频率和强度都正常，在 VT_{340} 的 4 脚有接收启动信号，测 C_{240} 有 RF_V1、C_{242} 也有 RF_V2，测 C_{223} 无 RF_V2，从 C_{956} 连线 RF_V2，试机后故障排除。

故障实例：V998 手机摔过不开机。

分析维修：拆机主板，加上直流稳压电源，手机有 550mA 漏电不开机，拆下逻辑部分屏蔽罩加电用手试温，找漏电故障点，发现电源 U900、CPU U700 无发热，拆下射频部分屏蔽罩发现功放发烫，拆下两个功放试机不漏电，手机为正常开机电流，换好的功放装上主板后又漏电。在根据电路图检测到功放供电的电路时，发现 R_{331} 摔脱落，U330 的 4 脚无 R_{331} 送过来的高电平，功放供电 U330 会输出发射电流，造成手机大电流不开机。找到对应阻值相应的电阻，装上后，故障即排除。

故障实例：V998 手机漏电 100mA。

分析维修：拆机后在主板加上维修电源，手机有 100mA 漏电，用手测温找漏电故障点。当触摸到 VT_{950} 时明显过热，更换后故障排除。

故障实例：V998 手机开机出现“非认可电池”信息。

分析维修：手机电池类型的检测由 CPU 直接控制，开机出现“非认可电池”信息的故障是由于 CPU 虚焊、损坏或 VT_{950} 损坏造成的，排除故障要重植更换 CPU 和 VT_{950}。

故障实例：V998 手机开机背景灯不亮。

分析维修：V998 手机开机无按键灯，又无背光灯，大多是 LED 供电故障。加上维修电源，单板开机，测量内联 J800 的键盘灯及背光灯供电输出端第 2 脚、第 4 脚无电压，无正常的 3V 供电，怀疑 LED 供电管 VT_{939} 坏，拆下逻辑部分屏蔽罩，用万用表电压档测量 VT_{939} 无输出电压，更换后装上按键板开机 LED 点亮，装屏蔽罩、装机，故障排除。

故障实例：V998 手机摔过不开机。

分析维修：拆机后单板加电大电流，CPU U700 明显过热，更换后小电流不开机，怀疑是软件故障，重写软件后电流依旧，把主板放到放大镜台灯下仔细观察，发现 32. 768kHz 时钟晶体已损坏，更换 32. 768kHz 时钟晶体后试机，故障排除。

故障实例：V998 手机显示缺行。

分析维修：手机的这种故障通常都是液晶显示器或显示器的接口故障引起的。更换 LCD 或显示器的接口。

故障实例：V998 手机出现“非认可电池”信息。

分析维修：用万用表的电阻档测 V2 与电池接口的 BAT-SER-DAT（电池数据）有短路情况，确定由于 CPU 出现故障使其检测不到电池数据，所以出现非认可电池。更换 CPU 后试机修复。

故障实例：V998 手机不开机。

分析维修：接上维修电源，手机不开机，电流在 10mA 左右抖动一下回零，短路开机维持信号，手机电流在 20mA 左右。测 V1 = 2. 75V；V2、V3 供电正常，但有时电流又回落到 10mA，测 R_{224} 无 13MHz，再测 26MHz 正常，说明中频 U913 已损坏导致 13MHz 不正常，但更换中频 U913 后不起作用，取下中频 U913 仔细观察后发现中频与 VT_{240} 的线已断路，连线后装回 U913，手机故障排除。

故障实例：V998 手机进水后不认卡。

分析维修：发现读卡器各脚的供电、时钟、复位、数据都不正常，仔细观测发现 VT_{902} 各引脚腐蚀严重，取下 VT_{902}，把主板清洗干净并更换 VT_{902} 后试机，故障排除。

故障实例：V998 手机软件故障不开机。

分析维修：用维修电源给手机供电，按下开机键，电流上升到 40mA 左右就停顿下来，怀疑其是软件故障不开机。经重写过软件后手机仍不开机，取下程序存储器，用通用编程器重写，装回后试机，故障排除。

故障实例：V998 手机信号不稳定。

分析维修：此机无信号时在手动菜单里能寻找到网络，说明收信部分正常，测功放也正常，再测发射功率时发现偏低，拆掉发射滤波器，直接短路，故障即排除。更换新的发射滤波器。

故障实例：V998 手机能开机、接听电话，但手机无显示。

分析维修：根据故障现象可知，手机无大的问题，V998 手机的这种故障通常发生在翻盖排线、显示器电路处，且以翻盖排线处故障居多。可将故障机拆开，观察翻盖排线上是否有折断的痕迹，更换 LCD 排线即可。

故障实例：V998 手机能打出、打入电话，但手机信号指示灯不能正常工作。

分析维修：这种故障通常是其按键板上的磁控管故障所至，少部分是其信号灯电路 VT_{805} 工作不正常所引起。应仔细检查按键板，首先判断磁控管是否损坏，其次检查信号灯电路。

故障实例：V998 手机能接听电话，但手机无翻盖功能。

分析维修：无翻盖功能的故障通常都是其翻盖功能控制管（霍尔元器件）损坏所至。直接查找霍尔元器件，多数为损坏，更换即可。

故障实例：V998 手机背景灯不亮。

分析维修：此故障通常是背景灯控制电路和按键板接口接触不良所至。首先用一个好的按键板替换，开机后如手机背景灯仍不能工作，则可怀疑故障出在驱动电路 VT_{939} 上。更换一个新的 VT_{939} 器件，一般故障即可排除。

故障实例：V998 手机能打电话，但听不到对方声音。

分析维修：能打电话听不到声音说明手机故障是接收音频故障，应检查接收音频路径。利用测试指令“434#”；“36#”启动手机的音频回路。用示波器检查主机板与翻盖的连接座，在连接座处如能检查到音频信号，则说明接收音频处理电路正常，故障应在翻盖上。此时可用万用表检查受话器，如其电阻为无穷大，则说明受话器损坏，更换受话器即可。如在连接座处不能检测到音频信号，则应检查前面的通路，甚至可能 U900 已损坏。

故障实例：V998 手机大电流不开机。

分析维修：检查 B + V1、V2、V3 的对地阻抗值是否偏小（引起大电流）。若某一组阻值偏小，则在检查相应负载后即可修复此故障。

故障实例：V998 手机小电流不开机。

分析维修：首先把开机维持信号接高电平，应测量 V_2 = 2.75V，V_3 = 1.8V，VQEF = 2.75V，VBOOT1 = 5.6V；若不正常，则应检查 L_{901}、CR902 及 U900；若正常，则应检查 U913 上的 13MHz；若没有，测量 VT_{201} 上的 RF_V1、VT_{202} 上的 RF_V2 及 U200、Y230；若正常，测 CPU 送出 CEO 片选信号是否正常；若没有，则应检查 U700；若正常，则应检查 U701、U700。照此方法一般可以解决小电流不开机问题。

故障实例：V998 手机不充电。

分析维修：

1）当插入电池时手机显示非认可电池。测量电池触片 J604②温度线、J604③数据线是否为 2.75V，若是 2.75V，则换 U700；若数据线电压为 1.8V，则 C_{603} 漏电，换掉即可。

2）当插入电池时手机显示有电池符号，插入充电器则电池符号消失，拔掉充电器符号又显示正常。这种现象一般为温度线电压故障，测J604②电压，若为2.75V，则应换U900；若电压为0.6V左右，则应检查VT_{628}、R_{628}、R_{627}或换掉。

3）当插入充电器时手机自动开机，一般为U900损坏。

4）当插入充电器时，显示两格电，但始终充不满电，故障为U700损坏。

故障实例：对V998手机写软件能通过，但手机不开机，按开机键，电流上升到50mA处停留一会，然后回落到零。

分析维修：电流在50mA处能停留一会，说明CPU、暂存和电源之间已经成功通信。手机不开机可能是软件资料不对引起的。当用软件盒写资料时手机能联机，也可顺利写过软件，但是手机仍不能开机，此时排除软件问题，重植电源U900后试机，手机开机。

故障实例：V998手机不开机。

分析维修：按开机键，手机电流升到40mA停顿一下再升到60mA，然后回落到零。把中频拆下测其各点的对地阻值，发现J9#的对地阻值为无穷大（正常值应为1kΩ），正反向阻值应一样。仔细观察J9#的连线，发现电容C_{227}的根部有一条裂缝，用线连好，装好中频试机后故障排除。

故障实例：V998手机打开翻盖，手机一切正常，合上翻盖10s后自动关机。

分析维修：故障机的U703的2#波形没有，拆下R_{712}测其输入端对地阻值为无穷大，这说明R_{712}到U700的F3#已经断线，连线后故障排除。

故障实例：V998手机无信号。

分析维修：插上维修电源试机，电流从40mA上升到80mA后就轻微回落到70mA处抖动约3s，再向110mA处一抖然后回落到10mA，判断故障出现在接收部分，重焊中频试机，手机可以找到网络，信号也稳定。

故障实例：V998手机进水，发射关机。

分析维修：把900MHz和1800MHz功放全部摘下，手机进入测试状态，键入310#，手机没有关机，更换VT_{104}，装上功放，故障排除。

故障实例：V998手机无信号。

分析维修：进入功能菜单查找手机能搜到网络。打开射频部分屏蔽罩，加焊900MHz功放。装好试机，手机出现信号，但不能发射，判断此现象是手机发射功率小造成的，换一功放不起作用，拆下更换发射滤波器，故障排除。

故障实例：V998手机时常无信号。

分析维修：检查发现，手机在有信号的时候打“112”时，发射信号会一个一个往下掉。手机发射的时候掉信号是因为手机的功率控制部分没有工作，手机不能自行调节发射功率造成的。更换功控U340后，故障排除。

故障实例：V998手机进水无信号。

分析维修：手机进入测试状态，键入310#，发射正常。检测接收部分测量U913的C2脚无供电，测量R_{228}断路，更换电阻R_{228}，故障排除。

故障实例：V998手机摔后无信号。

分析维修：手机进入测试状态，键入310#有发射，故障点可初步判断在接收部分。检测R_{1002}的时候，发现该电阻的上端没有5V电压。用万用表测其阻值为无穷大（正常值应为

33Ω，直接短路 R_{1002}后，故障排除）。

故障实例：V998 手机不开机。

分析维修：测量电源 U900 输出的各路电压，多路电压偏低不正常，更换电源 U900 无作用，测 V1 的电压低，把稳压管 VT_{920}拆掉、中频拆掉，VREF 的电压没有变化，还是 1.2V，在电容 C_{923}、C_{924}处测 CPU-V2 电压的对地阻值为正常，在电容 C_{926}、C_{927}处测 CPU-V3 电压的对地阻值只有 9kΩ，（正常值为 16.8kΩ），V3 的负载电路元器件是 CPU U700，很可能已局部损坏。更换后故障排除。

故障实例：V998 手机能开机但不正常，按键声音时有时无，LCD 显示时有时无。

分析维修：在电容 C_{704}处测 13MHz 发现波形很小，用频率计测其频率为 16MHz，拆下中频 U913，发现主板上几个焊盘点都已腐蚀氧化，清洗干净后，装回重植中频 U913，故障排除。

故障实例：V998 手机无信号。

分析维修：手机进入测试状态，键入 310#，手机有发射，且发射电流正常，测量到 VT_{262}的 C 极时，发现电压为 2.63V，比正常的 1.6V 要高，更换 VT_{262}后故障排除。

故障实例：V998 手机发射关机。

分析维修：手机进入测试状态，键入 310#，启动发射电路，手机电流上升到 500mA 静止不动，用手触摸一下功放很烫手，毫无疑问是功放短路而引起的大电流，大电流又导到手机发射关机，更换功放后故障排除。

故障实例：V998 + + 手机睡眠电路故障引起开机不正常。手机能开机，但不维持，还没有完全开机就自动关机了。

分析维修：仔细观察，发现 U703-1#连着的电阻 R_{701}已经错位，与 1#连着的那一端连到了 R_{702}上，把其焊好试机后，手机开机正常。

故障实例：V998 手机不开机。

分析维修：在卡座下方的测试点测 32.768kHz 时钟的波形和频率，发现其频率正常，但波形不正常，把时钟晶体拆掉后再试机，手机就能正常开机。可见 32.768kHz 晶体已经摔坏，更换好的晶体后试机，开机正常。

故障实例：V998 手机进水后大电流不开机。

分析维修：怀疑是 CPU 损坏，拆下后再试机，还是有大电流，用表测 C_{926}、C_{927}的对地阻值为 0，直接对地短路；当仔细观察 CPU 四周和 V3 有直接关系的元器件时，发现 C_{738}的两端已经短路，更换后，再测 C_{926}对地阻值已恢复正常，装上 CPU 后故障排除。

故障实例：V998 手机进水找网关机。

分析维修：手机进入测试状态后键入 310#，手机不关机，进行射频各供电端检查，在 VT_{101}的 5#测 -5V-SW 电压为 -0.24V（正常值应为 -0.8V 左右），VT_{101}的 5#电压由 VT_{104}提供，此电压不正常很可能是 VT_{104}不正常引起的，更换 VT_{104}后故障排除。

故障实例：V998 手机软件引起的背光灯不正常。当用尾插供电时，背光灯能亮；但当用电池供电时，背光灯不亮。

分析维修：拆下主板，用尾插供电，测 VT_{939}-2#的 BKLT-EN 背光灯使能控制信号电压为 2.8V，正常，在 VT_{939}的 4#、5#测 BKLT + 电压为 2.8V，也正常。在按键板接口的 1#、3#测 BKLT + 电压为 2.8V 正常。用电池供电，测 VT_{939}的 2# BKLT-EN 电压为 0V。由于 BKLT-EN

电压受 CPU 直接控制，又与软件有关系，所以此机的背光灯用尾插供电时能亮，怀疑软件有问题。重写软件后故障排除。

故障实例：V998 手机无信号。

分析维修：手机进入测试状态，再键入 310#，手机发射电流正常，发射电流为 300mA，通过以上检查，初步判断此机故障点在接收部分，检查到电阻 R_{492} 时测 SW-VCC 电压为 0.6V，此电压不正常，正常值应为 1.2V，而 SW-VCC 电压受中频 U913 控制。更换中频 U913 后试机正常。

故障实例：V998 手机能入网，打电话正常，但待机时有大电流。

分析维修：此机的大电流显然不是 CPU 短路引起的，因为手机是搜索到网络的时候才有大电流，逐个触摸发射部分的可疑元器件，发现功放发热，但更换后无作用。把发射滤波器拆下后再试机，手机发射关机。更换一个新的发射滤波器后，故障排除。

故障实例：V998 手机进水不开机。

分析维修：检测到字库的 D8#波形不正常，一般是由 CPU、暂存、电源三者之间不能正常通信造成的。拆下字库再测 V_1 是 2.75V，本着先简后繁的原则，先更换暂存，更换暂存后试机，故障排除。

故障实例：V998 手机进水不开机。按开机键电流上升到 100mA，随即回零。

分析维修：检查电容 C_{703} 处，没有测放大后的 13MHz 信号，拆下 U701 测其各脚电压和波形，在字库的 D8#测不到正弦波，在字库 B8#的时候发现其电压不正常（正常时应为 0.92V，此机是 0 伏），拆下暂存后，字库 B8#对地阻值为无穷大，CPU 的 C13#、字库的 B8#、暂存的 A5#三者之间已经断线。拆下 CPU 后，从 CPU 的 C13#连线到暂存的 A5#，手机电流到 40mA 处能停留 2 或 3 秒再回零。用软件盒和手机不能联机，在电容 C_{929} 处测 V_1 只有 3.9V，更换一新的电源后，再用软件盒试机能与手机联机，测 V_1 电压已为正常时的 5V，把 U701 用通用编程器写好资料后装回，手机即能正常开机。

故障实例：V998 手机大电流。

分析维修：用万用表测 C_{926}、C_{927} 的对地阻值正常，测 C_{923}、C_{924} 的阻值，发现其对地阻值小，断开逻辑部分供电电压限流电阻 R_{732}、R_{735}、R_{737} 电流没有变化，在 C_{923}、C_{924} 处测电压为 0V，更换一新的电源块无作用，拆下 U701 字库，电流恢复正常，V_1 也有 5V，换新的 U701，写好资料装上试机后手机正常。

故障实例：V998 手机小电流漏电。

分析维修：漏电为 20mA，先把 VT_{942} 去掉，加电没有漏电，在 VT_{942} 的 5 脚焊一根导线，将 3.6V 直接加在 VT_{942} 的 5 脚也没有漏电，将 VT_{942} 的 1、2、3 和 5、6、7、8 脚短路加电仍无漏电，说明电源部分也正常，所以确定是 VT_{942} 漏电所致，更换 VT_{942} 故障排除。

11.2.9 V998 手机部分测试指令

01# 退出手动测试模式

02xxyyy# 显示/修改发送功率级 DAC 和装 PA 校准表

03x# DAI

05x# 开始执行错误处理器测试

07x# 关闭接收音频通道

08# 打开接收音频通道
09# 关闭发送音频通道
10# 打开发送音频通道
11xxx# 对信道进行主 LO 编程
12xx# 将发送功率级设置为固定值
13x# 显示内存块的使用情况
14x# 设置内存满的条件
15x# 发声
16# 关闭发声器
19# 显示呼叫处理器的 S/W 版本号
20# 显示调制解调器的 S/W 版本号
22# 显示语音编码器的 S/W 版本号
24x# 设置步进 AGC
25xxx# 设置连续 AGC
26xxxx# 设置连续 AFC
31x# 起动伪随机序列
32# 起动 RACH Burst 序列
33xxx# 与 BCH 载波同步
34xxxyy# 配置 TCH/FS，允许 TCH 回环 W/O 帧确认指示
36# 开始声音回环
37# 停止测试
38# 激活 SIM
39# 使 SIM 无效
40# 开始发送全 1
41# 开始发送全 0
42# 禁止回声处理
43x# 改变音频通道
45xxx# 提供蜂窝功率级
46# 显示当前 AFC、DAC 值
47x# 设置声音大小
51# 允许侧音
52# 禁止侧音
57# 初始不可变内存
58# 显示安全码
58xxxxxx# 修改安全码
59# 显示锁定码
59xxx# 修改锁定码
60# 显示 IMEI
61# 显示 LAI 的 MCC 部分

61xxx# 修改 LAI 的 MCC 部分

62# 显示 LAI 的 MNC 部分

62xx# 修改 LAI 的 MNC 部分

63# 显示 LAI 的 LAC 部分

63xxxxx# 修改 LAI 的 LAC 部分

64# 显示定位更新状态

64x# 修改定位更新状态

65# 显示 IMSI

66xyyy# 显示/修改 TMSI

67#显示 PLMN 选择器

68#显示被禁 PLMN 名单

69x# 显示/修改 密钥序列号

70xxyyy# 显示/修改 BCCH 分配表

71xx# 显示内部信息

72xx# 显示被动失效码

73xyyy# 显示/修改标记控制块

7536778# 开始转移到闪存

9820# DCS 模式

9821# GSM 模式

9822# PCS 模式

9823# PGSM&DCS 1800

11.3 习题

1. 简述手机故障产生的原因。
2. 简述手机故障的检测步骤。
3. 简述手机故障的检测方法，并说明各种方法的思路。
4. 简述手机故障的维修顺序。
5. 简述手机的开机电流。
6. 手机的工作电流对维修有哪些意义?
7. 对于人为损坏的手机在维修时要重点检查哪些部分?
8. 简述手机“三无”故障的维修思路。

参 考 文 献

[1] 李延廷．移动通信设备原理与维修［M］．北京：机械工业出版社，2008.
[2] 陈子聪．手机原理及维修教程［M］．北京：机械工业出版社，2008.
[3] 周祥瑜．通信终端设备原理与维修［M］．北京：机械工业出版社，2006.
[4] 金明．通信终端设备维修［M］．北京：机械工业出版社，2008.
[5] 信息产业部通信行业技能鉴定指导中心．移动电话维修员［M］．北京：人民邮电出版社，2001.
[6] 劳动和社会保障部教材办公室．用户通信终端维修员（中级）［M］．中国劳动社会保障出版社，2005.

精品教材推荐

计算机电路基础

书号：ISBN 978-7-111-35933-3

定价：31.00 元　作者：张志良

推荐简言：

本书内容安排合理、难度适中，有利于教师讲课和学生学习，配有《计算机电路基础学习指导与习题解答》。

高级维修电工实训教程

书号：ISBN 978-7-111-34092-8

定价：29.00 元　作者：张静之

推荐简言：

本书细化操作步骤，配合图片和照片一步一步进行实训操作的分析，说明操作方法；采用理论与实训相结合的一体化形式。

汽车电工电子技术基础

书号：ISBN 978-7-111-34109-3

定价：32.00 元　作者：罗富坤

推荐简言：

本书注重实用技术，突出电工电子基本知识和技能。与现代汽车电子控制技术紧密相连，重难点突出。每一章节实训与理论紧密结合，实训项目设置合理，有助于学生加深理论知识的理解和对基本技能掌握。

单片机应用技术学程

书号：ISBN 978-7-111-33054-7

定价：21.00 元　作者：徐江海

推荐简言：

本书是开展单片机工作过程行动导向教学过程中学生使用的学材，它是根据教学情景划分的工学结合的课程，每个教学情景实施通过几个学习任务实现。

数字平板电视技术

书号：ISBN 978-7-111-33394-4

定价：38.00 元　作者：朱胜泉

推荐简言：

本书全面介绍了平板电视的屏、电视驱动板、电源和软件，提供有习题和实训指导，实训的机型，使学生真正掌握一种液晶电视机的维修方法与技巧，全面和系统介绍了液晶电视机内主要电路板和屏的代换方法，以面对实用性人才为读者对象。

电力电子技术　第2版

书号：ISBN 978-7-111-29255-5

定价：26.00 元　作者：周渊深

获奖情况：普通高等教育“十一五”国家级规划教材

推荐简言：本书内容全面，涵盖了理论教学、实践教学等多个教学环节。实践性强，提供了典型电路的仿真和实验波形。体系新颖，提供了与理论分析相对应的仿真实验和实物实验波形，有利于加强学生的感性认识。

精品教材推荐

EDA技术基础与应用

书号：ISBN 978-7-111-33132-2

定价：32.00元　作者：郭勇

推荐简言：

本书内容先进，按项目设计的实际步骤进行编排，可操作性强，配备大量实验和项目实训内容，供教师在教学中选用。

电子测量仪器应用

书号：ISBN 978-7-111-33080-6

定价：19.00元　作者：周友兵

推荐简言：

本书采用“工学结合”的方式，基于工作过程系统化；遵循“行动导向”教学范式；便于实施项目化教学；淡化理论，注重实践；以企业的真实工作任务为授课内容；以职业技能培养为目标

高频电子技术

书号：ISBN 978-7-111-35374-4

定价：31.00元　作者：郭兵 唐志凌

推荐简言：

本书突出专业知识的实用性、综合性和先进性，通过学习本课程，使读者能迅速掌握高频电子电路的基本工作原理、基本分析方法和基本单元电路以及相关典型技术的应用，具备高频电子电路的设计和测试能力。

单片机技术与应用

书号：ISBN 978-7-111-32301-3

定价：25.00元　作者：刘松

推荐简言：

本书以制作产品为目标，通过模块项目训练，以实践训练培养学生面向过程的程序的阅读分析能力和编写能力为重点，注重培养学生把技能应用于实践的能力。构建模块化、组合型、进阶式能力训练体系。

Verilog HDL与CPLD/FPGA项目开发教程

书号：ISBN 978-7-111-31365-6

定价：25.00元　作者：聂章龙

获奖情况：高职高专计算机类优秀教材

推荐简言：

本书内容的选取是以培养从事嵌入式产品设计、开发、综合调试和维护人员所必须的技能为目标，可以掌握CPLD/FPGA的基础知识和基本技能，锻炼学生实际运用硬件编程语言进行编程的能力，本书融理论和实践于一体，集教学内容与实验内容于一体。

电子信息技术专业英语

书号：ISBN 978-7-111-32141-5

定价：18.00元　作者：张福强

推荐简言：

本书突出专业英语的知识体系和技能，有针对性地讲解英语的特点等。再配以适当的原版专业文章对前述的知识和技能进行针对性联系和巩固。实用文体写作给出范文。以附录的形式给出电子信息专业经常会遇到的术语、符号。